エクセル

Excelで
学び直す
Relearn Mathematics in Excel
数学

増井敏克 著

JN061980

C&R研究所

■権利について

● 本書に記述されている社名・製品名などは、一般に各社の商標または登録商標です。

● 本書では™、©、®は割愛しています。

■本書の内容について

● 本書は著者・編集者が実際に操作した結果を慎重に検討し、著述・編集しています。ただし、本書の記述内容に関わる運用結果にまつわるあらゆる損害・障害につきましては、責任を負いませんのであらかじめご了承ください。

● 本書についての注意事項などを5ページに記載しております。本書をご利用いただく前に必ずお読みください。

● 本書は2020年11月現在の情報をもとに記述しています。

■サンプルについて

● 本書で紹介しているサンプルは、C&R研究所のホームページ(http://www.c-r.com)からダウンロードすることができます。ダウンロード方法については、4ページを参照してください。

● サンプルデータの動作などについては、著者・編集者が慎重に確認しております。ただし、サンプルデータの運用結果にまつわるあらゆる損害・障害につきましては、責任を負いませんのであらかじめご了承ください。

● サンプルデータの著作権は、著者およびC&R研究所が所有します。許可なく配布・販売することは堅く禁止します。

● 本書の内容についてのお問い合わせについて

　この度はC&R研究所の書籍をお買いあげいただきましてありがとうございます。本書の内容に関するお問い合わせは、「書名」「該当するページ番号」「返信先」を必ず明記の上、C&R研究所のホームページ(http://www.c-r.com/)の右上の「お問い合わせ」をクリックし、専用フォームからお送りいただくか、FAXまたは郵送で次の宛先までお送りください。お電話でのお問い合わせや本書の内容とは直接的に関係のない事柄に関するご質問にはお答えできませんので、あらかじめご了承ください。

〒950-3122 新潟県新潟市北区西名目所4083-6　株式会社 C&R研究所　編集部
FAX 025-258-2801
『Excelで学び直す数学』サポート係

⫼PROLOGUE

「なぜ数学なんて勉強しないといけないの?」

学生がよく使う言葉です。

「数学なんて社会に出てから役にたったことがない」

大人からもこんな声が聞こえてきます。その一方で、こんな声も聞きます。

「学生のころにちゃんと数学を勉強しておけばよかった」

これらに共通するのは、「どう使えばいいのかわからないまま数学を勉強した」ということではないでしょうか。せっかく勉強した数学なのに、それを生かせていないのはもったいない。

「今さら数学の教科書を買って問題集を解くなんて、時間のない社会人にはムリ」

この声を聞いたとき、思ったのは「勉強と実務がつながっていない」ということです。勉強のための勉強をしているのでは、実務には役立ちません。実務に役立つ数学とは何か、ということを考えたとき、思い浮かんだのはExcelでした。

多くのパソコンにはExcelが入っているし、これを使うと楽に勉強できるはず。普段から使っているExcelを活用して、ビジネスに役立つ視点で、数学を学び直してほしい。

大人になった今だからこそ、自分の仕事に少しでも生かしてもらえないだろうか。そんな思いから、この本は始まりました。

この本では、高校で学ぶ数学を中心に、中学校で学ぶ内容の復習と、大学で学ぶ数学の一部まで、広く浅く数学の基礎知識を紹介しています。ビジネスの現場で必要とされない知識は除外し、データ分析や機械学習など最近のトレンドの背景にあるエッセンスを抽出しました。

紙と鉛筆で数式を考えるだけでなく、Excelなど使えるツールをフル活用して、数学の学び直しに役立てていただければ幸いです。

2020年11月

増井敏克

本書について

本書の対象読者について

本書では、中学校で習う程度の数学の知識がある読者を対象としています。また、PCの操作、特にExcelの基本操作ができる読者を対象としています。初歩の数学の基礎知識やPCおよびExcelの基本操作については説明を割愛していますので、ご了承ください。

本書の動作環境について

本書では、下記の環境で執筆および動作確認を行っています。

- Windows 10
- Excel 2016以降

サンプルファイルのダウンロードについて

本書で紹介しているサンプルデータは、C&R研究所のホームページからダウンロードすることができます。本書のサンプルを入手するには、次のように操作します。

❶「http://www.c-r.com/」にアクセスします。

❷ トップページ左上の「商品検索」欄に「330-0」と入力し、[検索]ボタンをクリックします。

❸ 検索結果が表示されるので、本書の書名のリンクをクリックします。

❹ 書籍詳細ページが表示されるので、[サンプルデータダウンロード]ボタンをクリックします。

❺ 下記の「ユーザー名」と「パスワード」を入力し、ダウンロードページにアクセスします。

❻「サンプルデータ」のリンク先のファイルをダウンロードし、保存します。

サンプルのダウンロードに必要な
ユーザー名とパスワード

| ユーザー名 | emath |
| パスワード | m7u3w |

※ユーザー名・パスワードは、半角英数字で入力してください。また、「J」と「j」や「K」と「k」などの大文字と小文字の違いもありますので、よく確認して入力してください。

サンプルファイルの利用方法について

サンプルはZIP形式で圧縮してありますので、解凍(展開)してお使いください。

CONTENTS

■CHAPTER 07

微分とその応用

CHAPTER 01

数学が求められる
背景とExcelの基本

ビジネスで求められる数字の感覚

　大人が数学を学ぶとき、学生のころの学び方とは少し違った考え方が必要になります。このセクションでは数学をただ勉強するのではなく、仕事につなげるために、どのような感覚が必要なのかを紹介します。

▌▌▌ 現代の「読み・書き・そろばん」

　仕事をする上では、最低限知っておかないといけない知識があります。その中には、直接的に数学が関係していなくても、数学に関する知識が隠されていることは少なくありません。現代のビジネスで必要な数学についての知識について考えてみましょう。

▶ データによる価値創出が求められる社会

　現代は「情報社会」や「情報化社会」といわれるように、情報が中心となる時代です。コンピュータがどんどん進化し、便利になり、私たちの生活を変えている一方で、それを扱っている中心にいるのが人であることは変わっていません。

　このような社会において重要なのは、情報やデータを人間がどう扱っていくのか、ということです。その手段としてコンピュータが重要なのは明らかですが、何のためにデータを扱うのか、その目的は人間が考える必要があります。

　どのような仕事でも、情報やデータなしに進めることは難しいでしょう。事務や経理といった仕事はもちろん、工場での生産現場、運送や接客、スポーツなどあらゆる現場でデータが使われています。

　総務省による「令和元年版 情報通信白書[1]」では「デジタル経済」というタイトルで現代の社会の姿を表現し、「データが価値創出の源泉となる」と述べています。そして、ICT企業以外でもこの「データによる価値創出」を行っているとして、いくつかの例が挙げられています。では、データを扱うために必要な基礎知識とはなんでしょうか?

▶ 今の時代に求められる基礎知識とは

　昔から、誰もが知っておく知識を指す「読み・書き・そろばん」という言葉がありました。これを現代風に解釈して、今の時代に求められる基礎知識、つまり「読み・書き・そろばん」について考えてみましょう。

　もちろん、正解はありません。「英語、プログラミング、簿記」という人もいますし、「AI、SNS、マーケティング」を挙げる人もいるでしょう。取り組んでいる仕事や役職、会社の業種や規模などによって、挙げられる内容は変わってきます。

　しかし、その裏側のどこかにデータの扱いが関係する言葉が入ってくるのではないでしょうか? そして、「数学」や「数字」という言葉が見え隠れします。どんな仕事であっても、数字を扱わない仕事はありえません。

[1] : https://www.soumu.go.jp/johotsusintokei/whitepaper/r01.html

お金を扱う仕事であれば簿記や財務諸表に関する知識が関わってきますし、アンケートを実施すれば統計が、AIを勉強すれば微分や行列といったキーワードが登場します。もっと身近なところでも、上司から「今月の目標は?」と聞かれれば数字で答えることが求められていたりします。

中学校や高校で勉強したような数学の問題を解く必要はありませんが、数字を正しく読み取り、その背景にある因果関係をつかむことは必須です。細かな計算を間違えない能力もあるに越したことはありませんが、それよりも「データ」を把握し、「数字」を読解できる力が重要です。この力には数学的な要素が多く含まれているはずです。

そして、社会人になってから改めて数学を学びたい、という声が聞こえてくるのです。

数学を学び直すときの注意点

「数学を学ぶ」というと、証明を書くことをイメージする人がいます。「理論より実践が大事」「仕事では数学なんて使わない」という人もいますが、ビジネスの現場で役に立つ数学の学び方について考えてみましょう。

▶ 大人ならではの考え方

数学が必要だと思いながらも、数学が苦手だった、という人は少なくありません。大人になった今から学び直す、となると憂鬱になる人も多いでしょう。しかし、今やるべきことは中学校や高校で使った教科書や参考書を前から順に読んでいくことではありません。

時間も限られていますし、学校で学んだ勉強の中には仕事で必要ないものも少なくありません。たとえば、三角形の合同や相似を証明する、といったことが仕事で必要となる人は少ないでしょう。2次方程式を解く「解の公式」を覚えておく必要はなく、計算で解けることを知っておけば十分です。問題を解いたり丁寧に証明したりすることが求められるのではなく、その手順をざっくりと理解し、結果を確認できることの方が大切です。

一方で、統計や確率などデータ分析に関する知識はどんな仕事でも必須です。また、最近では人工知能や機械学習という言葉がニュースでも使われています。これらがどのように実現されているのか、その仕組みを理解しようと思うと、幅広い知識が必要です。

高校で学ぶ数学の範囲だけを考えても、図1.1のようにさまざまな分野が絡み合っているのです。

▼図1.1 数学の分野間の関連

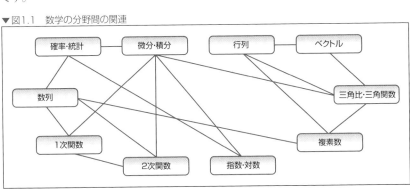

▶ ツールの活用で勉強にかかる時間を短縮する

幅広い分野を横断的に学ぶ場合も、自分の業務に必要なところだけを、最低限のコストで学ぶことが必要です。教科書や参考書にある問題を順に解いていくと理解は深まりますが、非常に時間がかかります。計算ミスがあれば、最初からやり直しになることもあるでしょう。

そこで、便利なツールがあれば、それを可能な限り活用することを考えましょう。ビジネスの世界では、学校のテストのように「電卓は使用禁止」ということもありませんし、インターネットが使えない場面もほぼありません。多くのパソコンにはExcelなどの表計算ソフトが搭載されているので、面倒な計算はこういったツールに任せることができます。

人間がやらなければいけないのは、課題の背景を理解して計算式を作ること。もっといえば、計算式を調べてパソコンで入力すること。そして計算結果がおかしいと気づき、式の間違いを訂正できることです。

この本では、パソコンで数式をどのように扱うか、Excelを使って紹介しています。もちろん、「Google スプレッドシート[2]」や「Numbers[3]」などの表計算ソフトでも似たようなことが可能です。ぜひ試してみてください。

Ⅲ 最低限の言葉を覚える

数学では覚えるよりも考えたり計算したりすることが多いでしょう。しかし、それでも最低限の言葉は覚えておかないと、解説を読んで理解することもできません。ここでは数学でよく使われる基本的な用語を紹介します。

▶ 公理、定義、定理

ビジネスの現場で議論をしようと思ったときに、双方が考えている「前提」が異なると、正しく伝わらない場合があります。たとえば、数学には「公理」や「定義」、「定理」といった言葉があります。

公理は理由がなくても無条件で正しい（暗黙のうちに認められている）もののことです。たとえば、この本の読者は「日本語を理解できる」ことを想定しています。これは公理だといえます。ここを変えてしまうと、ここから先の説明は一切成り立たなくなってしまいます。

定義は用語の意味を誰かが決めたものです。たとえば、「三角形」は「3本の直線で囲まれた平面状の図形」です。決められたものなので文句を言うことはできません。

定理は公理が成り立つことを前提として、定義された言葉を使って証明されたものです。たとえば、「三角形の内角の和が180度」というのは定理です。「三角形」や「内角」、「度」という言葉を定義すると、そこから証明されるものです。

また、以降で紹介する言葉は、本書の中でもたびたび登場しますので、意味を理解しておいてください。

---

[2]：https://docs.google.com/spreadsheets/
[3]：https://www.apple.com/jp/numbers/

▶ 項

数式を足し算だけで表したときに、＋で分割した部分を**項**といいます。たとえば、$5 + 3 + 9$という式があった場合、「5」「3」「9」はいずれも項です。マイナスが含まれている$4 - 2 + 7 - 3$のような式は$4 + (-2) + 7 + (-3)$と書けるので、「4」「−2」「7」「−3」が項です。

同様に、$2x^2 - 3x + 1$のような場合も、「$2x^2$」「$-3x$」「1」が項です。また、1つの項だけで構成されている式を**単項式**、複数の項で構成されている式を**多項式**といいます。この場合、$2x^2 - 3x + 1$は項が3つあるので多項式です。

数列では、それぞれの数を「項」といい、先頭の項を「初項」、2番目の項を「第2項」、n番目の項を第n項といいます。

▶ 変数と定数

未知の数を表す記号を**変数**といいます。一般的にはxやyといった記号を使い、xやyではなくxやyといった斜体の文字で表現します。

一方、値が既知であり、数で表されるものを**定数**といいます。定数は値を1度設定すると、その値が変わることはありません。

▶ 係数と次数

数式の項において、xやyなどの変数を除いた定数部分を**係数**といいます。たとえば、$3x^2 - 4x + 5$の場合、$3x^2$の係数は「3」、$-4x$の係数は「−4」、5の係数は「5」です。

また、掛け合わされている文字の個数を**次数**といいます。上記の$3x^2 - 4x + 5$の場合、$3x^2$はxが2個掛け合わされているので次数は「2」、$-4x$はxが1個なので次数は「1」、5はxが0個なので次数は「0」です。

なお、図形などで「2次元」や「3次元」と呼ぶのも同様に複数の掛け合わせを意味し、x, yで構成されるような平面は2次元、x, y, zで構成されるような空間は3次元といいます。これはCHAPTER 05で紹介する「行列」でも同じように、「2次の正方行列」「3次の正方行列」などの呼び方をします。

▶ 絶対値

プラスやマイナスといった符号を無視した値を**絶対値**といいます。たとえば、「3」の絶対値は「3」ですし、「−3」の絶対値は「3」です。

一般的に、絶対値は「| |」という記号を使い、$|3| = 3$、$|-3| = 3$と表現します。

▶ 線分と直線

2つの点があり、その間をまっすぐに結ぶ線を**線分**といいます。この2つの点の間を結ぶだけで、その両端から突き抜けることはありません。

一方、どこまでも無限に続くまっすぐな線を**直線**といいます。つまり、どちらもまっすぐな線ですが、線分は端があるのに対し、直線にはありません（図1.2）。

▼図1.2 直線と線分

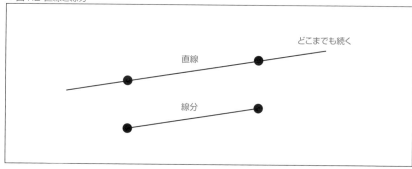

▶ 頂点と辺

図形において、2つの直線が交わり、角になる部分を**頂点**といい、頂点と頂点を結ぶ線分を**辺**といいます。たとえば、三角形の頂点と辺はそれぞれ3つありますし、四角形の頂点と辺はそれぞれ4つあります（図1.3）。

▼図1.3 図形における頂点と辺

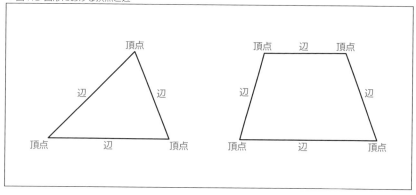

頂点や**辺**という言葉は数式を扱うときにも使われます。たとえば、図1.4のようなグラフを考えると、その傾きが切り替わる場所を頂点といいます。

▼図1.4 グラフの頂点

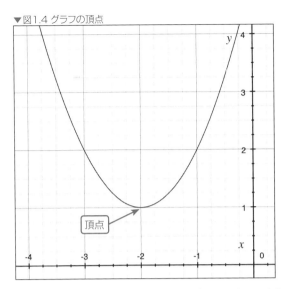

また、数式において「=」の左右に書く内容を辺といいます。=の左側を**左辺**、=の右側を**右辺**、両方合わせて**両辺**といいます（図1.5）。

▼図1.5　代数における辺

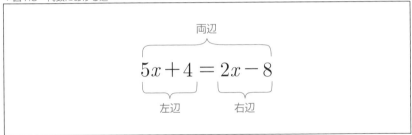

▶ **割合と比**

2つの量を比べるとき、よく使われるものに**割合**と**比**があります。小学校のテストでもよく使われますが、それだけ間違える人が多い分野でもあります。

割合は「基準とする量」を1として、その量と比較してどれくらいを占めるのかを表す量です。たとえば、10人のお客様のうち6人が現金で支払った場合、現金で支払う割合は $\frac{6}{10} = 0.6$ と計算できます。つまり、1人のお客様で考えたとき、どのくらいの人が現金で支払うかを表します。

一方、比は単純に2つ以上の量を整数で比べたものです。上記の場合、現金のお客様とお客様全体との比は「6：10」であり、「3：5」も同じ値を指します。

なお、$\frac{6}{10}$ のように比を分数で表現したものを**比の値**ということがあり、さらにこれをそのまま比と呼ぶこともあります。CHAPTER 03で紹介する**三角比**などはこれを指しています。

▶ギリシャ文字

数学ではギリシャ文字がたくさん登場します。突然登場すると、その読み方がわからず困ってしまう人もいるでしょう。

本書では表1.1に挙げたギリシャ文字を使います。最初から全部を覚える必要はありませんが、後で登場した場合に、この表を参考にしてみてください。

▼表1.1　本書で使うギリシャ文字の一覧

文字	読み方	使われるところ（ページ番号）
α	アルファ	82ページ、124ページ、163ページ
β	ベータ	82ページ、184ページ
Δ	デルタ（大文字）	144ページ、188ページ
η	イータ、エータ	188ページ
ϑ	シータ	133ページ、191ページ
λ	ラムダ	169ページ
μ	ミュー	111ページ
ν	ニュー	116ページ
π	パイ	85ページ
ρ	ロー	58ページ
σ	シグマ	111ページ
χ	カイ	132ページ
∂	デル、パーシャル・ディー	182ページ

01

数学が求められる背景とExcelの基本

Excelの基本操作に慣れる

　本書ではExcelを使って数学を学び直すことをテーマにしています。しかし、手元のパソコンにExcelは入っているけれど使ったことがない、仕事で使っているけれど、方眼紙のように使っているだけで、計算には使っていないという人も少なくありません。

　そこで、Excelの基礎的な使い方を整理しておきましょう。

▌表計算の基本

　Excelの基本操作について知っておかないと、便利なソフトであっても使いこなせません。ここでは最低限の用語や操作方法について紹介します。

▶ 基本的な用語を覚える

　Excelを起動すると、図1.6のような画面が表示されます。この表形式の部分を**シート**や**ワークシート**といいます。シートは複数追加でき、ファイルとして保存する単位を**ブック**といいます。つまり、1つのブックに複数のシートが存在します。また、シートの中の1つひとつのマスのことを**セル**といいます。横方向を**行**、縦方向を**列**といいます。

▼図1.6　Excelのシートとブック

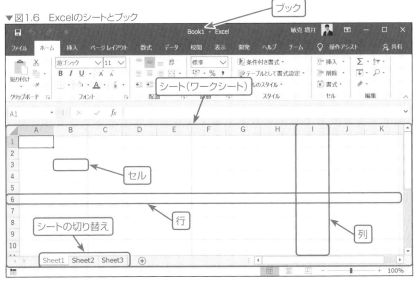

▶ セルを移動する

　セルを選択するには、マウスでセルの上をクリックします。一度クリックするとセルが選択された状態になり、もう一度クリックすると入力状態になります。

　セルはキーボードで操作することもできます。キーボードで移動する場合、「←」「→」「↑」「↓」というキーを押すと、それぞれの方向に移動します。選択した状態で文字のキーを押すと、押したキーの内容が入力され、Enterキーを押すと確定できます。

また、Shiftキーを押しながら矢印キーを押すと、連続したセル範囲を選択できます。離れた
セルを複数選択したい場合は、Ctrlキーを押しながら、選択したいセルをクリックします。

1つずつセルを選択するだけでなく、行や列単位で選択したい場合もあります。この場合は、
行番号や列番号が書かれている部分をクリックします（図1.7）。シート全体を選択したい場合
は、行番号の上をクリックします（図1.8）。

▼図1.7　行単位で選択

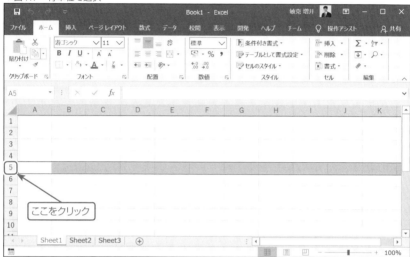

▼図1.8　シート全体を選択

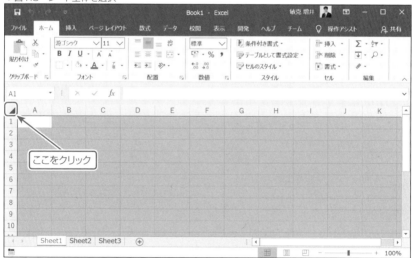

▶ セルに値を入力する

セルに数字を入力すると、数値として認識され、右寄せで表示されます。また、「2020/10/01」のように日付の形式で入力すると、日付として認識されます。通常の文字を入力すると、文字列（文字の並び）として認識されます（図1.9）。

▼図1.9　セルに値を入力

▶ 計算する

Excelは表計算ソフトなので、データを入力するだけでなく、計算が可能です。たとえば、単価と数量から金額を計算してみましょう（図1.10）。

上記で作成した表の右端に、金額の列を作成します。そして、セルE2に「=C2*D2」と入力してみましょう。

▼図1.10　計算式を入力

このように、先頭に「=」を付けると計算式になり、Enterキーで確定すると計算結果である「450」という値が表示されます。「=C2*D2」という式は、セルC2の値とセルD2の値を掛け算した結果を格納することを意味しています。

この例のように掛け算には「*」を使います。同様に、足し算は「+」、引き算は「-」、割り算は「/」という記号を使います。

01

数学が求められる背景とExcelの基本

▶式をコピーする

　他の行も計算するには、同じような計算式をセルE3やセルE4にも入力する必要があります。Excelでこのような計算式を入力する場合、先頭のセルに計算式を入れて、他の場所にコピーします。コピーすると、式が参照しているセルの場所が自動的に変わり、セルE3は「=C3*D3」に、セルE4は「=C4*D4」となります（図1.11）。このため、他のセルに式を1つずつ入力する必要はありません。

▼図1.11　計算式をコピー

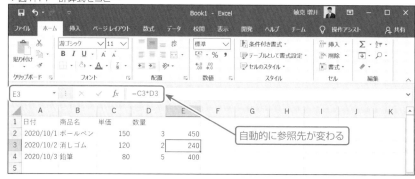

　マウスで操作する場合、入力したセルの右下にマウスポインターを合わせて、マウスポインターの形が十字になった状態でコピーしたい方向にドラッグするといいでしょう（図1.12）。

▼図1.12　マウスでコピー

　キーボードで操作する場合は、コピーしたいセルを選択して、下方向にコピーする場合は「Ctrl+D」、右方向にコピーする場合は「Ctrl+R」というキーを押します。

▶ 相対参照と絶対参照

単純にコピーすると、式が指しているセルの場所が自動的に変わりました。これを**相対参照**といいます。

便利な仕組みですが、場合によっては変えたくない場合もあるでしょう。たとえば、図1.13のような場合を考えてみましょう。セルI1には消費税の税率が格納されており、この値と掛け算してF列の消費税額を計算しています。

▼図1.13　消費税率と掛け算して消費税額を計算

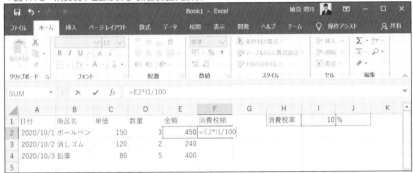

これを単純にコピーしてしまうと、図1.14のように金額だけでなく消費税率の参照先も変わってしまいます。

▼図1.14　コピーすると参照先も変わる

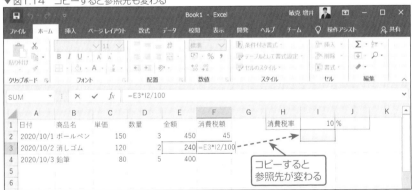

このような場合、「$」という記号を使うと、「$」に続く部分は同じ内容のままコピーできます。たとえば、上記の場合、セルF2に「`=E2*I$1/100`」と書きます。これは消費税率のセルI1は上下にコピーしているときだけ参照先を変えないことを表現しています。このような指定方法を**絶対参照**といいます。これにより、セルF3にコピーしたときも、消費税率の参照先は変わりません（図1.15）。

▼図1.15　コピーしても同じ場所を参照する

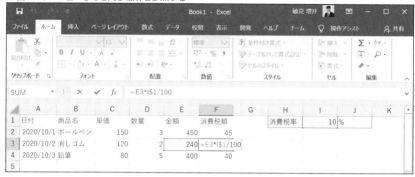

　今回は上下にコピーしたときに行番号が変わることを防ぐため行番号の前に「$」を書きました。が、左右にコピーしたときに列名が変わってほしくない場合は、「$I1」のように列名の前に「$」を書きます。両方に付けて、「$I$1」とすると、上下左右のいずれにコピーしても同じ場所を参照します。

　数式を作成する場合は、コピーしたときにその指す先が自動的に変わってほしいかどうかを考えて、相対参照と絶対参照を使い分けるようにしましょう。

▶ データを並べる方向

　セルに値を入れることでさまざまな計算が可能になり、データを整理できることがわかりました。このとき、データをどのように並べるのがよいのでしょうか?

　たとえば、図1.16の2通りの方法を考えてみましょう。それぞれ、最初の行と列に見出しを設定しています。

▼図1.16　データを格納する方向

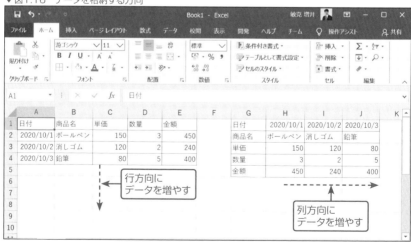

　縦方向でも横方向でも計算はできるので、特に差はありません。もちろん、データが増えたときは、左側の場合は行を、右側の場合は列を増やします。

どちらでもデータを表現できていますが、基本的には列単位で項目を、行単位で個々のデータを表します。つまり、図1.16の左側の配置が正解です。

これは慣習であるだけでなく、さまざまな便利な機能が使えるかどうかも理由として挙げられます。たとえば、Excelには「フィルター」(図1.17)という機能があり、条件を満たすデータだけを抽出できますが、図1.16の右側の配置では適切に使えません。

▼図1.17　Excelでのフィルター

本書ではスペースの都合上、列単位でデータを表して解説しているものがありますが、縦方向よりも横方向に表現した方がページを有効活用できるためです。実務で使う場合は上記の原則に従ってデータを扱うようにしましょう。

||| 関数を使う

Excelを便利に使う上で欠かせないのが関数です。さまざまな関数が用意されていますが、その使い方は基本的に同じです。ここでは、関数の使い方を簡単に紹介します。

▶ 関数と引数

表計算ソフトを使うとき、単純な四則計算だけしか使えないわけではありません。もちろん、四則計算を組み合わせれば複雑な計算もできるのですが、よく使う数式などは事前に用意されています。

このように、あらかじめ用意されている数式のことを**関数**といいます。関数は、「数を入れると何か答えが出てくるブラックボックス」に例えられます(図1.18)。その内部がどうなっているか知る必要はありませんが、何か値を入れると結果が返ってきます。

▼図1.18　関数のイメージ

数学でも関数という言葉が登場しますが、Excelではセルに入力された値などに対して、何らかの値を返すように用意されている数式だと思えばよいでしょう。

たとえば、複数のセルに入力されている値の最小値を求めることを考えましょう。この場合、「MIN」という関数を使います（英語のminimumの先頭を取り出したもので、他の関数の多くもこのように英語の先頭部分を使っています）。

ここでは、セルA1からセルA5に入力されている5つのデータの最小値を求めてみましょう。セルA6に、「=MIN(A1:A5)」と入力すると、正しく最小値が求められていることがわかります（図1.19）。

▼図1.19　MIN関数で最小値を求める

関数を呼び出すときに、括弧内で指定した部分のことを**引数**といい、関数の「入力」に該当します。今回はMIN関数の引数として、**A1:A5**という範囲を指定しました。このように、コロン（:）で区切って最初と最後のセルを指定すると、範囲を表現できます。

そして、関数の「出力」がセルに表示されるのです。同様に、最大値を求めるには「**MAX**」という関数を使います。ぜひ試してみてください。

Excelで使える便利なツールを導入する

Excelをインストールして最初に起動した状態でも、表計算ソフトとしては十分ですし、簡単なデータ分析も可能です。しかし、便利なツールを導入すると、複雑な処理でも画面の指示通りに進めるだけで実行できます。

▶ データ分析ツールとソルバーを使えるようにする

Excelでは複雑な式を計算できますが、**データ分析ツール**や**ソルバー**を使うと効率的に実行できる場合があります。初期状態ではメニューに表示されていないため、ここで追加しておきましょう。もちろん、Excelを購入していれば無料で導入できます。

Windows版のExcelでは、「ファイル」タブを開き、「オプション」をクリックします。開いた画面で「アドイン」というカテゴリを選択します。この中にある「管理」の欄で「Excelアドイン」を選択し、「設定」ボタンをクリックします。「アドイン」ボックスで、「ソルバー アドイン」と「分析ツール」にチェックを入れて、「OK」ボタンをクリックします（図1.20）。

▼ 図1.20　Excelアドイン設定画面

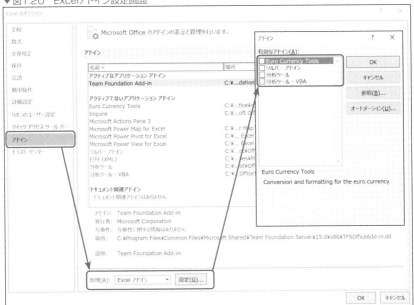

macOS版のExcelの場合は、「ツール」メニューの「Excelアドイン」をクリックします。「有効なアドイン」の中にある「分析ツール」と「ソルバー」にチェックを入れて、「OK」ボタンをクリックします。

導入が完了すると、「データ」タブに「データ分析」と「ソルバー」が表示されます（図1.21）。なお、これらを導入するとExcelの起動に少し時間がかかるようになるので、使わないときは外しておいてもよいでしょう。

▼ 図1.21　「データ」タブに追加される

数学が求められる分野1:データ分析

　データを分析するとき、どのような場面で数学が必要になるのか、具体的にどんな内容を知っておく必要があるのかを紹介します。

▌把握から予測へ

　データがたくさん手元にあっても有効活用できていないことは少なくありません。その理由は、手動で分析しているだけだからです。ビジネスにおいて必要な「把握」と「予測」の違いについて解説します。

▶ 現状のデータを把握するだけなら算数で十分

　「データ分析」と聞いて、すぐに思いつくのは平均を求めたり、グラフを描いたりすることかもしれません。このような計算は小学校の段階で学んでいますし、多くの人が取り組んでいるでしょう。そして、Excelを使えばそれほど難しい操作も必要ありません。

　たとえば、図1.22のような分析が考えられます。左側のグラフは、過去のデータがどのように変化していたのか、折れ線グラフで表現しただけです。右側のグラフはデータの分布を調べてヒストグラムという図で表現しただけです。これだけなら算数でも十分でしょう。

▼図1.22　小学校でも勉強したデータ分析

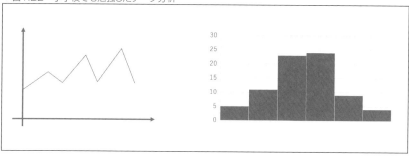

　このようにデータを見るだけでなく平均などを計算し、グラフなどに表現して特徴をつかむことも立派なデータ分析です。現在の状況を把握し、その背景にどのような理由が隠されているのか想像することはとても重要です。そして、一般的なビジネスならこれだけで十分かもしれません。

▶ 未知のデータを予測するなら数学が必要

　ビジネスの現場で必要なのは、現在の状況を把握するだけではないはずです。現状を踏まえて、今後発生することを想像しながら行動しなければなりません。

　このときに必要なのは「未知のデータ」に対して「予測」することです。たとえば、過去のデータから未来の変化を予測する、過去の結果から新たなデータを判別・分類することが求められます（図1.23）。

▼図1.23　未知のデータに対する予測

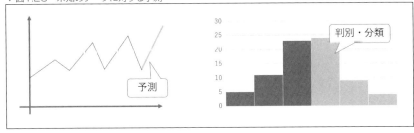

予測

判別・分類

　未知のデータが与えられたときに毎回分析しているのでは間に合わないため、事前に数学的なモデル[4]を作成しておく必要があります。そして、未知のデータが与えられたときに、このモデルに当てはめるだけですぐ判断できるようにしておくわけです。

　当然、過去の結果とまったく同じ状況が発生するのであれば、同じ結果が得られる場合もあります。しかし、状況は常に変化しているため、予測が当てはまるとは限りません。それでも、できるだけ精度を上げるために数学的な分析が欠かせないのです。

▎▎▎データ分析を実務に活用する例

　私たちが仕事をする上で、データが欠かせない時代が来ています。データを使うと、どのようなことができるのか、実際の事例を見てみましょう。

▶この商品を買った人はこんな商品も買っています

　オンラインショッピングを使っていると、「この商品を買った人はこんな商品も買っています」という表現を見たことがある人は多いでしょう。このような表示をするには、過去のデータを分析し、新たな人が過去の人と同じ商品を購入しようとしたことを判断する必要があります。

　実店舗でも似たようなことが行われる場合があります。1990年代にデータ分析で有名になった話として、「おむつを買った人はビールを買う傾向がある」というものがあります。

　スーパーマーケットでの販売データを分析した結果、子供のいる家庭で母親が父親におむつを買うようにお願いしたところ、父親はおむつだけでなくビールを一緒に買う人が多かった、という話です。そして、この2つを並べて販売すると売上が増えたというのです。

　このような分析によく使われる方法として「協調フィルタリング」や「マーケットバスケット分析」、「アソシエーション分析」があります。たとえば、相関関係を調べたり、類似度を調べたりする方法が使われています。

　相関関係を調べるには相関係数という値を調べる必要があります。相関係数はCHAPTER 02で紹介していますが、散布図を描くだけでなく、その計算方法や考え方を理解しておかないと使いこなせません。

　類似度を調べるには集合やコサイン類似度といった考え方が登場します。コサイン類似度を調べるにはCHAPTER 03で紹介する三角関数や、CHAPTER 05で紹介するベクトルなどについての知識が必要です。

　さらに、どれくらいの割合で実際にそのような購買傾向があるのか調べるには、確率の考え方が必要です。確率についてはCHAPTER 04で紹介しています。

---

[4]：本質的な部分だけを抽出し、簡潔に表現した数式や計算方法、理論など。

▶ テキストマイニング

最近では、SNSやブログでの投稿などを分析して、企業や製品に対する評価や問題点を把握しようという考え方も広がっています。これらの投稿はテキスト(文章)なので、その内容や表現は非常に曖昧です。

英語であれば単語の区切りは空白を調べれば判断できますが、日本語で単語と単語の区切りを判断するのは簡単ではありません。たとえば、「この先生きのこるために数学を勉強する」という文章をコンピュータに解釈させることを考えましょう。

漢字で区切ると「先生」や「数学」「勉強」という言葉が出てきます。しかし、ここでは「この先」「生きのこる」と分割したいところです。コンピュータが日本語の意味を理解して処理するのはなかなか難しいのです。

最近では形態素解析など自然言語処理と呼ばれる分野が進化しており、さまざまな分析が可能になっています。たとえば、MeCab[5]で「吾輩は猫である。名前はまだ無い。」という文を形態素解析すると、表1.2のような結果が得られます。

▼表1.2　形態素解析の例

文字列	品詞	品詞細分類1	品詞細分類2	品詞細分類3	活用型	活用形
吾輩	名詞	代名詞	一般	*	*	*
は	助詞	係助詞	*	*	*	*
猫	名詞	一般	*	*	*	*
で	助動詞	*	*	*	特殊・ダ	連用形
ある	助動詞	*	*	*	五段・ラ行アル	基本形
。	記号	句点	*	*	*	*
名前	名詞	一般	*	*	*	*
は	助詞	係助詞	*	*	*	*
まだ	副詞	助詞類接続	*	*	*	*
無い	形容詞	自立	*	*	形容詞・アウオ段	基本形
。	記号	句点	*	*	*	*

最近では、指定されたキーワードの出現頻度やその関連性などを調べて、商品のレビューなどの文章が良い評判なのか悪い評判なのかを判断する、ということも可能になっています。

このような文章の分析が可能になれば、それを製品開発に生かすことができますし、サービスであれば解約の防止や顧客満足度の向上につながるかもしれません。インターネット上には大量の文章がありますし、アンケートを実施すれば文章で回答する人も多いでしょう。

ここでも確率や統計の考え方が重要になってきます。また、最近では人工知能なども絡めた分析が一般的になっています。

[5]:https://taku910.github.io/mecab/

数学が求められる分野2:人工知能（機械学習）

　現代のビジネスに欠かせなくなった人工知能。その考え方を知るには数学の知識が欠かせません。どんな部分に数学が使われているのか知っておきましょう。

▌▌▌ 機械学習の概要

　人工知能の中でも機械学習が大きな話題になっています。どんな処理が行われているのか、その概要を紹介します。

▶ 人工知能を取り巻く環境

　現在は「第3次人工知能ブーム」といわれており、あらゆるところで**人工知能**や**機械学習**、**ディープラーニング**という言葉を聞くようになりました。囲碁や将棋で人間のプロ棋士に勝った、というだけでなく、製造業などの現場における画像処理を使った不良品の検出、音声入力や顔認証など私たちの身近なところでもその技術が使われています。

　多くの人にとって、人工知能の技術を使ったシステムは「作るもの」ではなく「利用するもの」でしょう。しかし、その背景にどのような技術が使われており、これまでのシステムとどのような違いがあるのか知っておかなければ、その精度の限界を知ることもできません。

　自分のビジネスに取り入れたいと思っても、どのような注意点があるのか知るには、その裏側を少しでも知っておく必要があるのです。ここでは、現代の人工知能でよく使われている機械学習がこれまでのシステムとどのように違うのかについて簡単に紹介します。

▶ 機械学習とは

　まず、「機械学習」という言葉の意味を理解しておきましょう。「学習」という言葉は私たち人間も使うように、新しい知識を学び、習得することです。つまり、機械学習は機械が新しい知識を学び、習得することを意味します。

　これまでのシステム（たとえば在庫管理システムや会計システムなど）は、人間がルールを考え、プログラミングしていました。コンピュータはこのプログラムに従って動作しているだけです。

　一方で、機械学習の場合は人間が機械にルールなどを教える必要はありません。人間が与えるのはデータだけで、機械が自動的に学習してルールを見つけ出していくのです。ここがこれまでのシステム開発との違いです（図1.24）。

▼図1.24　これまでのシステムと機械学習の違い

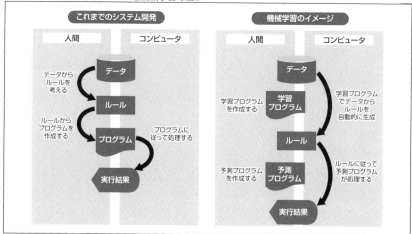

　つまり、学習するためにはデータが必要です。たとえば、犬と猫の画像を与えて、どちらかに分類したいと思った場合、大量の犬と猫の画像を用意します。そして、「訓練データ」と「テストデータ」に分け、訓練データで学習させます（図1.25）。

　このとき、用意した画像にどれが犬で、どれが猫か、人間が正解を用意しておく方法を「教師あり学習」といいます。そして、「テストデータ」で正解率が高くなるようにルールを調整するのです。

　正解を用意するのは大変ですし、人間にも正解がわからない場合には、教師あり学習は使えません。そこで、正解は用意せず、与えられたデータを「似た特徴を持つグループ」に分けるような方法を「教師なし学習」といいます。分けられた分類が正しいかどうかはわかりませんが、似たものが集まったものができあがります。

▼図1.25　教師あり学習と教師なし学習

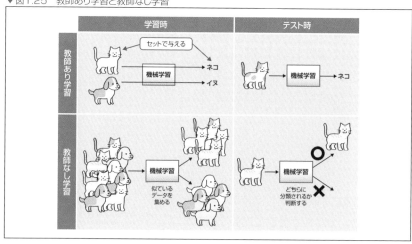

　他にも、「強化学習」という方法があり、これらを合わせて「機械学習」と呼んでいます。機械学習は人工知能を実現する技術の1つであり、この機械学習の1つの方法が「ディープラーニング」です(図1.26)。

▼図1.26　人工知能と機械学習、ディープラーニングの関係

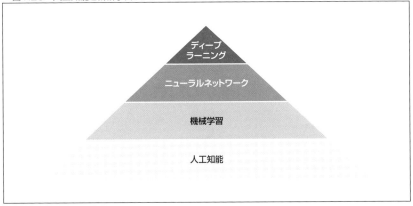

機械学習の実現に必要な数学

　機械学習の概要は理解していても、どこに数学が使われているのかイメージできていない人は少なくありません。どんな分野が関わっているのか、その概要を紹介します。

▶誤差を最小にする

　機械学習のうち、ここでは「教師あり学習」に注目してみましょう。教師あり学習では、作成したモデルが出力する値と、与えられた教師データ(正解)との差(誤差)を最も小さくなるようにパラメータを調整します。

　この誤差が簡単な式で計算できるのであればすぐに調整できるのですが、多くのパラメータがあると、非常に複雑な関数だと考えられます。このような複雑な関数を最小にするようなパラメータを求めるには、**微分**という考え方が使われます。これはCHAPTER 07で紹介します。

　また、多くのパラメータが登場しますが、これをバラバラに扱うのは大変です。そこで、複数のパラメータをできるだけまとめて扱えるように、**ベクトル**や**行列**という方法が使われます。これらについては、CHAPTER 05で紹介します。

　さらに、正解率は確率など統計的な考え方が必要です。これについては、CHAPTER 04で紹介します。

　これらを整理すると、図1.27のように複数の分野に渡る数学の知識が求められることがわかります。

▼図1.27　人工知能に大きく関連する数学の分野

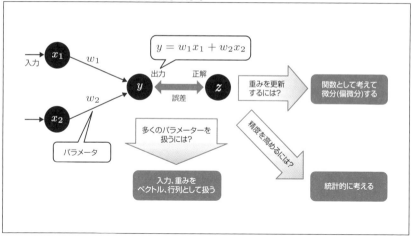

CHAPTER 02

データ分析の基本
～統計の基礎知識～

アンケートなどのデータを集計する

　私たちは普段から数多くのデータに接しています。しかし、たくさんの数値が並んでいると、数字を眺めているだけではどんな傾向があるのかわかりません。たとえば、アンケートを実施したとします。回答者の年齢を整理すると、表2.1が得られました。

▼表2.1　アンケート回答者の年齢

回答者	A	B	C	D	E	F	G	H	I	J
年齢	31	28	37	46	18	22	34	40	26	19

　このような10件くらいのデータであれば、眺めているだけでなんとなく特徴が見えてくるかもしれません。しかし、これが100件、1000件になると、どのように考えればよいでしょうか?

Ⅲ データの分布を知る〜度数分布とヒストグラム

　データを集めたときに、その特徴を把握するために最初に取り組むのは分布を調べることです。つまり、どの範囲にどれだけの数のデータがあるのか把握することが大切です。具体的にどんな方法が使えるのか、その手法を紹介します。

▶ 指定した間隔でデータを区切って集計する

　たくさんのデータの分布を調べるとき、最も基本的な方法が**度数分布表**です。そして、度数分布表を元にグラフのように表現したものを**ヒストグラム**といいます。

　上記の表2.1を使って度数分布表とヒストグラムを作ってみましょう。

　まず、データをどのような区間で区切るかを考えます。たとえば、10歳単位で区切ってみます。ここでは、図2.1のExcelシートのように年齢データとデータ区間を用意しておきます。

　Excelで度数分布表やヒストグラムを作成するには、「データ分析ツール」が便利です。「データ」タブにある「データ分析」を選択しましょう(「データ」タブに「データ分析」が表示されない場合は、24ページをお読みください)。さまざまな分析ツールが用意されていますが、ここから「ヒストグラム」を選んで「OK」ボタンをクリックします。

▼図2.1　データを用意し、分析ツールで「ヒストグラム」を選択

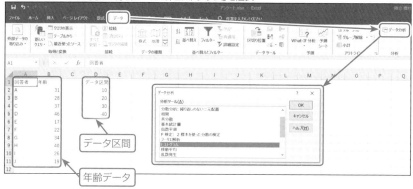

次に表示される画面で「入力範囲」としてアンケート結果が入力されている範囲(セルB1〜
B11)と、「データ区間」(セルD1〜D5)を指定します(図2.2)。先頭行にタイトルが入っている
ので、「ラベル」にチェックします。

▼図2.2　入力範囲とデータ区間の設定

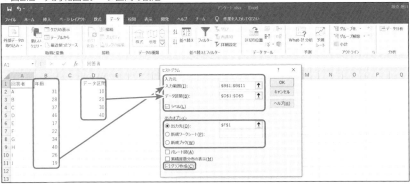

また、出力オプションとして出力先を指定しています。新規ワークシートを選ぶこともできます
が、ここでは「F1」というセルを指定しましょう。さらに、「グラフ作成」にチェックを入れておくと、
ヒストグラムも作成されます。

「OK」ボタンをクリックすると、図2.3のような度数分布表が作成されました。結果を見ると、
「データ区間」で指定した値で区切られていることがわかります。今回、10、20、30、40とい
う値を指定したため、10歳以下、20歳以下、30歳以下、40歳以下、それ以上というように分
けて集計されます。また、右側にはヒストグラムも出力されています。

▼図2.3　度数分布表とヒストグラム

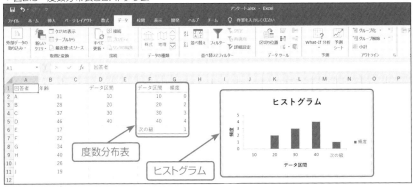

▶ 間隔をどのように区切るのか

簡単に度数分布表やヒストグラムを作成できましたが、ここで気になるのは、どのような間隔
でデータ区間を設定すればいいのかわからないことです。たとえば、5歳間隔で設定すると図
2.4が、20歳間隔で設定すると図2.5が生成されます。

▼図2.4　5歳間隔の場合

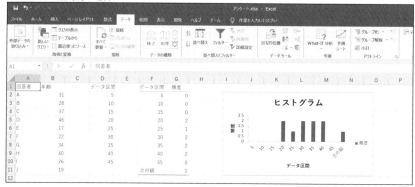

▼図2.5　20歳間隔の場合

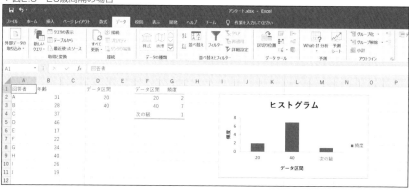

　このデータ区間（階級幅）の決め方にルールはありませんが、直感的にわかりやすく設定することが求められます。たとえば、7歳ずつ区切るのはキリが悪いので、5歳や10歳が多く使われます。

COLUMN　スタージェスの公式

　階級幅が大きすぎても小さすぎてもいけませんが、階級幅を決めるときによく使われるのが「スタージェスの公式」です。これは、階級の数を $1 + \log_2 n$ という式で求める方法で、nはデータの数を表します。logについてはCHAPTER 03で解説しますが、Excelでは「LOG」という関数を使って簡単に計算できます。

　たとえば、100個のデータがある場合、階級の数は $1 + \log_2 100$ なので、「=1+LOG(100,2)」という式を入力すると7.64…と表示されます。つまり8個くらいに区切るのが良さそうだとわかります。

▶ **ヒストグラムを使うメリット**

　ヒストグラムを描くと、例外的な値に気付きやすくなるメリットもあります。たとえば、アンケートの年齢データの中に、150歳というデータが入っていたとします。このような異常値を**外れ値**といい、存在すると分析に影響が出る可能性があります。

　データを眺めているだけでは気付かなくても、ヒストグラムを描くことで明らかにおかしなデータを発見し、事前に取り除く、もしくは確認して訂正することにもつながるのです。

COLUMN　**階級幅を途中で変えることもある**

　上記の年齢データでは同じ幅で間隔を区切って度数分布表を作成していました。しかし、同じ幅では見た目が良くないデータも存在します。たとえば、年収データの分布をヒストグラムで表現する場面を考えてみましょう。

　「0円以上100万円未満」「100万円以上200万円未満」というように100万円の幅で区切っていくと、1億円以上まで横軸を取るのは大変です。このため、途中から100万円の幅ではなく500万円、1000万円などの幅に変える方法がよく使われます。

‖ 誰でも知っている代表値〜平均

　分布を調べるだけでなく、そのデータを一言で伝えたいことがあります。このようなときに使われる代表値について知っておきましょう。

▶ **データの特徴を数値で表す**

　ヒストグラムを作成しても、人によってその図から受ける印象は異なります。先ほどの年齢のヒストグラムをみたとき、「40代が多いな」と思う人もいれば、「いろいろな世代に分かれているな」と感じる人もいるでしょう。

　誰が見ても共通の認識を持つために、数値として表現する方法があります。多くのデータが与えられている中から、そのデータを代表する値（**代表値**）で表現するのです。

　データの代表値として、多く使われているのが**平均**（または平均値）です。小学校でも教えられるので、多くの人がすぐにイメージできるでしょう。年齢のデータが与えられた場合、全員の年齢の合計を人数で割ると、平均年齢を求められます。

　たとえば、31歳、28歳、37歳の3人の平均年齢を求める場合、次のような式で計算します。

$$\frac{31 + 28 + 37}{3} = 32$$

▶ **合計を求める**

　Excelで平均を計算するために、まずは合計を求めてみましょう。人が手作業で合計を計算する場面を考えると、1つずつ数を足していきます。そこで、図2.6のように、データが並んでいる右側に、「合計」という列を作ります。

　この列には上から順に、「=B2」、「=B3+C2」、「=B4+C3」、というように入力します。これをC列のすべての行に入れると、その行までの年齢の合計が計算されます。

▼図2.6　1つずつ足し算する

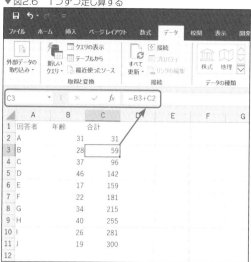

この方法でも一番下のセルC11で合計を求められますが、Excelには便利な関数が用意されています。たとえば、「SUM」という関数を使うと合計を計算できます。セルB2からセルB11にデータが入っている場合、その合計を求めるには、「SUM(B2:B11)」と書きます。実際にセルB12に「=SUM(B2:B11)」と入力すると合計が表示され、上記で計算した値と同じであることがわかります（図2.7）。

▼図2.7　SUM関数で合計を計算する

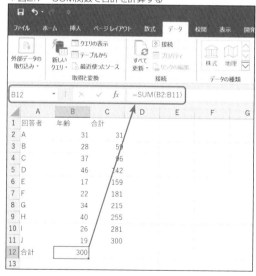

▶ 平均を求める

　ここで扱っている人数（データの数）は10人なので、合計を10で割れば平均年齢を計算できます。セルB13に「=B12/10」と入力すると、30という値が得られます。

　しかし、このように「10」という値を式の中で直接指定してしまうと、データを増やしたときに式も変えなければなりません。そこで、データの個数を数える「COUNTA」という関数が用意されています。この関数を使うと、範囲内に含まれるデータの個数を数えるだけでなく、空白のセルは無視されます。このため、データの途中で空白があっても、正しくデータ数をカウントできます。

　この関数を使って、セルB13に「=B12/COUNTA(B2:B11)」と入力してみます。すると、平均を求められていることがわかります（図2.8）。

▼図2.8　平均を計算する

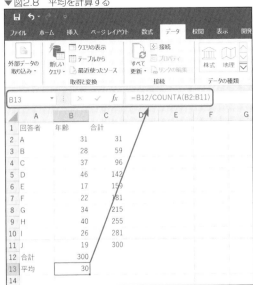

　なお、Excelには、平均を求める「AVERAGE」という関数も用意されています。セルB14に「=AVERAGE(B2:B11)」と入力すると、セルB13と同じ結果が得られるでしょう。

COLUMN	平均を表す英語

　Excelでは、平均を求めるときに「AVERAGE」という関数を使います。しかし、英語では平均を表すのに「average」と「mean」という単語があります。統計が得意なプログラミング言語であるR言語などでは、meanという関数で平均を求めるので、他のツールを使う場合には間違えないようにしましょう。

平均を求める式を数学的に書くと、次のような式で表現できます。

$$\bar{x} = \frac{x_1 + x_2 + \cdots + x_n}{n}$$

ここで、x_1やx_2という記号を使っています。これは、xというデータがあり、k番目のデータの値がx_kであることを示しています。また、平均のことを$\bar{x}$のように、データの名前の上に線を引いて表し、バーと読みます。nはデータの個数です。

なお、$\sum$（シグマ）という記号を使って、次のように表すこともあります。これは、$\sum$という記号が、下に書かれている値（$k=1$）から上に書かれている値（n）まで、右に書かれた式のkの部分を変えながら足し算するという式で、上記と同じ意味になります。

$$\bar{x} = \frac{1}{n}\sum_{k=1}^{n} x_k$$

▌▌▌ よく使われる代表値～中央値、最頻値

平均は誰もが知っていて、中心の値を表すためによく使われますが、データによっては直感と異なる値が算出される場合があります。そんなときに使える方法と、その注意点について紹介します。

▶ データの中央にある値

代表値として平均をよく使いますが、平均がデータをうまく表していないことがあります。それは、データに偏りがあったり、特殊な値の場合です。

たとえば、表2.2の3つのデータを比べてみましょう。

▼表2.2　平均が10のデータ

データ名	データの内容								
データ1	10	10	10	10	10	10	10	10	10
データ2	0	5	5	10	10	10	10	15	15	20
データ3	0	0	0	0	0	0	0	0	0	100

いずれも平均を計算すると10ですが、図2.9のようにヒストグラムを描くと、その分布は大きく異なります。左の2つは平均である10を真ん中の値だと言ってもいいかもしれませんが、右端の分布で10が真ん中であるというのは少し抵抗がある人もいるでしょう。

▼図2.9　平均が10のデータのヒストグラム

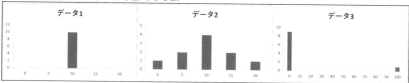

そこで、ある値よりも下の個数と上の個数が同じになる値を考えましょう。このような値を**中央値**（メジアン）といいます。名前の通り「データの中央にある値」で、すべてのデータを値が小さい方から大きい方へと順に並べて、ちょうど全体の半分になる値が中央値です。

データが奇数個の場合、小さい順にデータを並べたときにちょうど真ん中にくる値です。たとえば、表2.3のように7個の年齢データがある場合は、4番目のデータ（=31歳）が中央値です。

▼表2.3　データが7個の場合

回答者	A	B	C	D	E	F	G
年齢	31	28	37	46	18	22	34

↓　小さい順に並べ替え

回答者	E	F	B	A	G	C	D
年齢	18	22	28	31	34	37	46

データが偶数個の場合には、ちょうど真ん中となるデータは存在しないため、中央に近い2つのデータの平均を中央値と定めます。表2.4のように8個のデータがある場合、4番目のデータと5番目のデータを足して2で割った値（$= \frac{31+34}{2} = 32.5$）を使います。

▼表2.4　データが8個の場合

回答者	A	B	C	D	E	F	G	H
年齢	31	28	37	46	18	22	34	40

↓　小さい順に並べ替え

回答者	E	F	B	A	G	C	H	D
年齢	18	22	28	31	34	37	40	46

▶ Excelで中央値を求める

Excelで中央値を求めるには「MEDIAN」という関数を使います。上記の場合、図2.10のように入力すると、それぞれ中央値が求められていることがわかります。

▼図2.10　Excelで中央値を求める

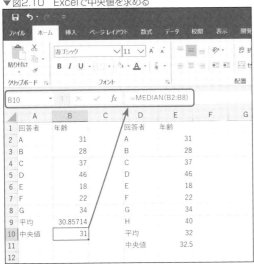

ここで、このデータに他から大きく離れた値を1件追加してみましょう。図2.11のように追加すると、平均は大きく変わってしまいましたが、中央値はあまり変わっていません。追加されたデータが500であっても、それこそ10000という値であっても、中央値は同じです。

▼図2.11　外れ値を追加した場合

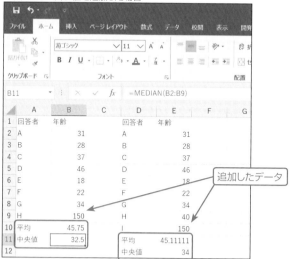

このように、中央値は外れ値の影響を受けにくい指標であるといえます。このことを「頑健である」といいます。

▶ 中央値だけを使えばよいのか?

外れ値にも強いという特徴があれば中央値だけを使えばよく、平均は不要なように感じるかもしれません。しかし、中央値はあくまでもデータの中央しか見ていません。ピンポイントでしかデータを表現していないので、データ全体の比較には向かないのです。

たとえば、表2.5のような各営業担当者の売上をそれぞれ計算し、中央値だけをチェックしていたとします。売上が少しずつ変化していても、中央値となる売上が変わらなければ売上が変わっていないように見えます。

▼表2.5　中央値が変わらない例

売上	2018年	2019年	2020年
営業担当者A	800	900	1000
営業担当者B	600	700	800
営業担当者C	500	500	500
営業担当者D	300	400	500
営業担当者E	200	300	400
平均	480	560	640
中央値	500	500	500

つまり、全体的に売上が増加していても、それに気付かない可能性があるのです。実態の真ん中を知ることはできる一方で、それ以上の使い道がないともいえるかもしれません。

　一方、平均はデータ全体を使うので、データの要約だといえます。平均とデータの個数があれば、全体の合計を計算できるので、1人あたりの平均売上高がわかれば全体の売上を人数から計算できます。

　ところが中央値では、中央値とデータの個数があっても、全体の合計を計算できません。このため、平均と中央値を調べて分布を把握することには役立ちますが、それ以上にはなかなか使えないのです。

▶多くのデータが分布している値

　中央値は年齢で半分に分けられますが、中央の人が一番多いわけではありません。たとえば、図2.12のデータを考えてみましょう。計算すると中央値は43ですが、このヒストグラムから考えられるデータの代表値として使うのは納得がいかない人もいるでしょう。

▼図2.12　左右に大きく離れている場合

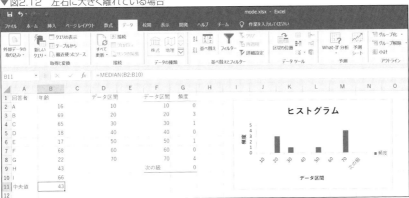

　そこで、多くのデータが集まっている値を代表値とする考え方があり、**最頻値**（モード）といいます。年齢などの連続データの場合は度数分布表を作成し、その中で最も多い階級を使用します。

　図2.12の場合は、表2.6のように階級値（階級の中央の値）を含めた度数分布表を作成します。今回の場合、最頻値が65であることがわかります。

▼表2.6　階級値

階級	階級値	人数
0～10	5	0
10～20	15	3
20～30	25	1
30～40	35	0
40～50	45	1
50～60	55	0
60～70	65	4
70～80	75	0

　なお、階級幅によって最頻値が変わることに注意しましょう。Excelで最頻値を求めるには、「MODE」という関数を使います。

⫶ 分布のばらつき〜分散、標準偏差

　平均や中央値が同じでも、そのデータの分布が大きく異なる場合があります。そこで、データの散らばり具合を数値で表してみましょう。

▶ 中央に多くのデータが集まる分布

　外れ値がある場合には中央値が代表値として有効ですが、私たちが扱うのは図2.13のような中央に山があるような分布の方が多いものです。学校でテストを実施したときの点数や、健康診断で測定した身長などの場合、平均の近くに多くのデータが集まる分布ができあがります。このようなデータの分布を**正規分布**といいます。

▼図2.13　正規分布

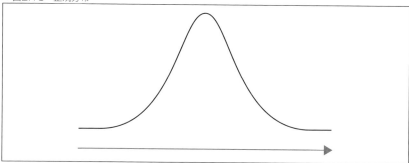

　このような分布であれば、平均だけを使っていても問題ないように思うかもしれません。しかし、同じように中央に山がある場合でも、その分布によって特徴が大きく異なります。たとえば、国語と数学のテストを実施し、それぞれの点数の分布を調べたところ、図2.14のようになりました。

▼図2.14　国語と数学の点数の分布

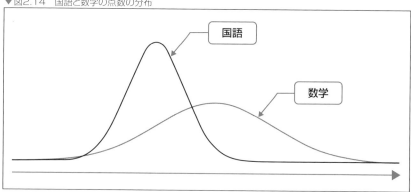

　いずれも同じように中央が多い分布になっていますが、その幅は大きく異なります。平均が同じであったとしても、その分布は大きく異なるのです。そして、図を見た感覚は人によって違います。左右への広がり方が急なのか、なだらかなのか、見た人によって受け取り方が異なるのです。

▶ 分布のばらつきを数値化する

全員が共通の認識を持つためには、ここでも数値化が求められます。どの程度ばらついているのか、「ばらつきの数値化」が必要なのです。

ばらつき具合を表現するには、それぞれのデータが平均から大きく離れていれば値を大きく、平均の近くに収まっていれば小さくします。よく使われるのは、平均との差を2乗する方法です（表2.7）。平均との差を計算するとプラスとマイナスが出てしまいますが、2乗することで、平均より大きくても小さくても、平均から離れているほど大きな値に変換できます。

▼ 表2.7　平均との差を2乗

生徒	A	B	C	D	E	F	G	H	平均
点数	58	67	61	80	55	72	69	74	67
平均との差	-9	0	-6	13	-12	5	2	7	
平均との差の2乗	81	0	36	169	144	25	4	49	

このように、平均との差を2乗した値を求めたとき、その値の平均を**分散**といいます。数式で書くと、分散Vは次のように表現できます。つまり、平均との差を2乗した値を合計し、データの個数で割っています。

$$V = \frac{1}{n} \sum_{k=1}^{n} (x_k - \bar{x})^2$$

Excelで分散を計算してみましょう。図2.15のようにセルA2からセルA9に生徒の名前、セルB2からセルB9に点数が格納されています。点数の平均はAVERAGE関数でセルB11に求めておきます。

次に平均との差をC列に格納します。セルC2に「=B2-B$11」と入力し、セルC2の内容を下方向にコピーしましょう。これでセルC3は「=B3-B$11」、セルC4は「=B4-B$11」、…となっているはずです。

次に、この差の2乗を計算します。セルD2に「=C2*C2」と入力し、セルD2の内容を下方向にコピーします。これで平均との差を2乗した値が計算できました。

最後に、セルD11に「=AVERAGE(D2:D9)」と入力しましょう。これで分散が計算できました。

▼図2.15　分散の計算

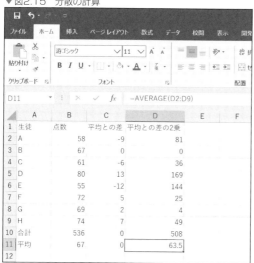

なお、Excelには2乗した値の和を求める関数「SUMSQ」も用意されています。この関数を使うと、「=SUMSQ(C2:C9)」と入力するだけで平均との差の2乗の合計を求められます。

COLUMN　分散を計算する関数

Excelでは分散を計算する関数も用意されています。セルB12に「=VAR.P(B2:B9)」と入力してみましょう。セルD11と同じ値が表示されていれば成功です。

なお、現在のExcelでは、「VAR.P」「VAR.S」という関数が用意されています（「VAR」という関数もありますが、過去のExcelのバージョンと互換性を保つためだけに残されています）。「VAR.S」は**不偏分散**と呼ばれ、111ページで紹介します。ここでは通常の分散を求めるため、「VAR.P」という関数を使います。

▶ **分散は他と比較するために使う**

分散を計算することはできましたが、この63.5という値をみても意味がわかりません。実は分散は1つだけでは意味がないのです。ばらつきを比較するために使うものなので、他と比べなければいけません。

そこで、国語と数学の点数を使ってみましょう。表2.8のようなデータに対して、分散を求めてみます。いずれも平均が同じデータです。

▼表2.8　国語と数学の点数

生徒	A	B	C	D	E	F	G	H	平均
国語の点数	58	67	61	80	55	72	69	74	67
数学の点数	42	56	90	51	69	62	77	89	67

VAR.P関数を使うと、図2.16のようになりました。これを見ると、国語よりも数学の分散の値が大きくなっています。つまり、数学の方がばらつきが大きい、ということを意味しています。

▼図2.16　国語と数学の点数の分散

▶ばらつきの単位をデータと揃える

分散の値は元のデータを2乗していますので、単位が変わっています。そこで、2乗を元に戻すため、平方根を計算します。平方根はルートとも呼ばれ、2乗するとその数になるものです。たとえば、$3^2 = 9$なので、$\sqrt{9} = 3$です。

このような分散の平方根を計算した値を**標準偏差**といいます。つまり、分散がVのとき、標準偏差σは次の式で計算できます。

$$\sigma = \sqrt{V}$$

Excelでは平方根を「SQRT」という関数で計算できるので、セルB13に「=SQRT(B12)」、セルC13に「=SQRT(C12)」と入力しましょう。これで、それぞれの標準偏差を計算できました（図2.17）。

▼図2.17 国語と数学の点数の標準偏差

	A	B	C	D	E	F
1	生徒	国語の点数	数学の点数			
2	A	58	42			
3	B	67	56			
4	C	61	90			
5	D	80	51			
6	E	55	69			
7	F	72	62			
8	G	69	77			
9	H	74	89			
10	合計	536	536			
11	平均	67	67			
12	分散	63.5	268			
13	標準偏差	7.9686887	16.370706			
14						

C13　=SQRT(C12)

　なお、Excelには標準偏差を求める関数「STDEV.P」も用意されています。これも分散と同じく、「STDEV.S」という関数がありますが、ここでは「STDEV.P」を使います。

▶ 標準偏差が表すもの

　正規分布のような分布になっている場合、標準偏差を調べると分布の中で占める割合が見えてきます。たとえば、平均から標準偏差1つ分の範囲内には、データの約68%が入ることが知られています（図2.18）。同様に、標準偏差2つ分には95%、標準偏差3つ分には99.7%が入ります。

▼図2.18 平均から±σに約68%が含まれる

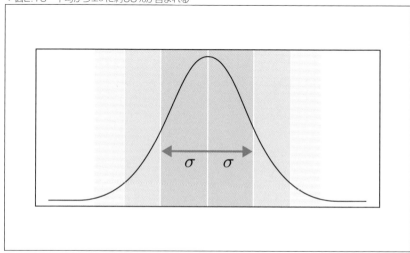

▶ 単位が変わると分散や標準偏差は変わる

分散や標準偏差によってばらつきの大きさを比較できますが、データの単位には注意が必要です。同じ値を比較する場合でも、単位が異なるだけで分散や標準偏差は大きく変わってしまいます。

たとえば、身長のデータを扱う場合、単位がcmのデータと単位がmのデータは同じ値を表しています。このそれぞれについて、分散と標準偏差を計算してみましょう（表2.9）。

▼ 表2.9　単位の違いによる分散や標準偏差の違い

生徒	A	B	C	D	E	平均	分散	標準偏差
身長(cm)	172	165	186	179	168	174	58	7.615773
身長(m)	1.72	1.65	1.86	1.79	1.68	1.74	0.0058	0.076158

このように、値が大きく変わってしまいました。複数のデータのばらつきを比較するときに分散や標準偏差を使いますが、単位が揃っているか事前に確認しておきましょう。

異なる単位を統一する～標準化と偏差値

異なる単位のデータでも、その散らばりを比較したいことがあります。このような場合に使える方法を紹介します。

▶ 変動係数を使う

単位が違うと、分散は大きく異なることを紹介しました。しかし、単位によってはその分布が似たような形である場合が考えられます。

たとえば、100点満点のテストと10点満点のテストがあった場合、分散は大きく異なります。このような場合、同じ土俵で比較したいものです。

単位が異なる場合でも、簡単に比較したい場合には**変動係数**が使えます。変動係数は、標準偏差を平均で割った値のことです。

たとえば、表2.9の身長のデータで考えてみましょう。単位がcmの場合、平均が174で標準偏差が7.615773でした。このとき、変動係数は次のように計算できます。

$$\frac{7.615773}{174} = 0.04376881$$

一方、単位がmの場合、平均が1.74で標準偏差が0.076158でした。このとき、変動係数は次のように計算でき、同じ値が得られることがわかります（小数で扱っているため誤差はありますが、ほぼ同じになっています）。

$$\frac{0.076158}{1.74} = 0.04376897$$

このように、ばらつきの違いを調べるだけであれば、変動係数を計算するのも1つの方法です。

▶ 平均0、分散1に変換する

　変動係数は全体でのばらつきの違いを比べるだけなのに対して、個別のデータの単位を揃える方法もあります。それが、与えられたデータを「平均0、分散1」（当然、標準偏差も1）のデータに変換する方法です。これを**標準化**といい、平均が$\bar{x}$、標準偏差がσのとき、次のような計算式で求められます。

$$z_k = \frac{x_k - \bar{x}}{\sigma}$$

　点数の場合は個人の点数と平均点との差を標準偏差で割った値、身長の場合は個人の身長と平均身長との差を標準偏差で割った値です。たとえば、先ほどの表2.9のデータを標準化してみましょう。

　図2.19ではB列にcm単位の身長データを、C列にm単位の身長データを格納しています。そして、セルB7とセルC7に平均が、セルB8とセルC8に分散が、セルB9とセルC9に標準偏差が入っています。セルE2に「=(B2-B$7)/B$9」と入力し、下方向と1つ右の行にもコピーします。これで各生徒の標準化した値を計算できました。

▼図2.19　標準化した点数

E2	▼ : × ✓	fx	=(B2-B$7)/B$9			
▲	A	B	C	D	E	F	G
1	生徒	身長(cm)	身長(m)		標準化(cm)	標準化(m)	
2	A	172	1.72		-0.262612866	-0.262612866	
3	B	165	1.65		-1.181757896	-1.181757896	
4	C	186	1.86		1.575677194	1.575677194	
5	D	179	1.79		0.656532164	0.656532164	
6	E	168	1.68		-0.787838597	-0.787838597	
7	平均	174	1.74				
8	分散	58	0.0058				
9	標準偏差	7.615773	0.076158				
10							

　標準化した結果はE列もF列も同じで、単位に関係なく値の大きさだけで比べられることがわかります。さらに、セルE7に「=AVERAGE(E2:E6)」、セルE8に「=VAR.P(E2:E6)」、セルE9に「=STDEV.P(E2:E6)」と入力し、右の列にもコピーしてみてください。いずれも平均がほぼ0、分散と標準偏差がほぼ1になっていることがわかるでしょう（コンピュータで小数を扱うと誤差が発生するため、厳密に0や1にならない場合もあります）。

▶ 偏差値を計算する

　この標準化を活用したのが学校の成績などで使われる**偏差値**です。ただし、小数の値では直感的には理解しにくいため、平均を50、標準偏差を10にした整数を使います。そこで、次の式で計算し、小数点以下を四捨五入、または切り捨てして使います。

$$50 + \frac{x_k - \bar{x}}{\sigma} \times 10$$

伝わりやすい資料を作成する

　次のような3つの表が与えられたとき、これまでのように平均や中央値、分散や標準偏差のように数値で表現する方法もあります。しかし、プレゼンテーションなどの場面では、グラフを使うと直感的でわかりやすく伝えられます。では、それぞれについて、どのようなグラフで表現するとよいでしょうか?

▼表2.10　データ例(1)

都道府県	茨城県	栃木県	群馬県	埼玉県	千葉県	東京都	神奈川県
人口(万人)	2,860	1,934	1,942	7,350	6,259	13,921	9,198

▼表2.11　データ例(2)

年度	4月	5月	6月	7月	8月	9月	10月	11月	12月
気温(℃)	13.6	20.0	21.8	24.1	28.4	25.1	19.4	13.1	8.5

▼表2.12　データ例(3)

試験区分	1級	2級	3級	4級	5級
受検者数(人)	346	825	1,253	948	641

⫼ 量を表す〜棒グラフ

　ヒストグラム以外にも、データを図で表現する方法はいくつもあります。ここではよく使われる棒グラフについて紹介します。

▶ 棒の長さで数値を表現する

　集計結果などをグラフで表現するとき、そのデータの内容に合わせてグラフの種類を選ぶ必要があります。Excelでは手軽にグラフを作成できるので、安易にグラフを選んでしまいがちですが、種類を選び間違えると、結果を適切に伝えられない可能性があります。

　多くのグラフの中でもよく使われるのが**棒グラフ**でしょう。棒の長さで数値を表現する方法で、年収別の人口や、試験の区分別の受検者数などを表すために使われます。このように、「量」の比較に向いているグラフだといえます。

　Excelでは棒グラフとして「縦棒グラフ」と「横棒グラフ」があります。いずれの場合でも、グラフにしたいセルの範囲を選択し、「挿入」タブにある棒グラフのアイコンをクリックするだけです(図2.20)。ここで、2Dと3Dのグラフを選択できます。3Dの方が見栄えは良いかもしれませんが、正確に数値を表現できる2Dを使うことが基本です。

▼図2.20　棒グラフの作成

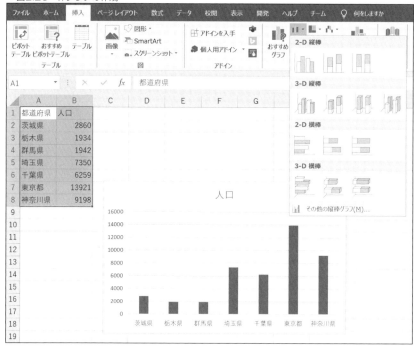

▶棒グラフを作成するときの工夫

　Excelを使えば、棒グラフを作成するのは簡単ですが、それだけではあまり見た目がよいグラフとはいえません。たとえば、図2.20のグラフを見て、グラフの作者が伝えたかったことが正確に伝わるでしょうか?

　ここで伝えたかったことは、東京都の人口が多いことではなく、埼玉県の人口が千葉県の人口より多い、ということかもしれません。これを伝えるには、その部分を強調しなければいけません。たとえば、図2.21のように色を変えてみる、吹き出しを追加するなど、グラフを見ただけでわかるように工夫すると受ける印象が大きく変わるでしょう。

▼図2.21　加工したグラフの例

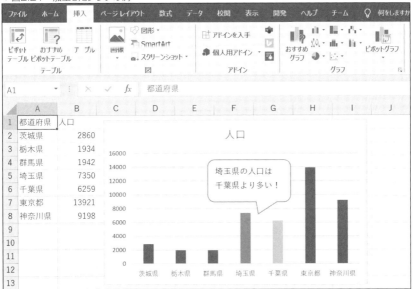

ただし、伝えたいことを強調しすぎるのはよくありません。電車内の広告などで、図2.22のようなグラフを目にすることがありますが、正しい情報を表していないことは珍しくありません。グラフを作るときだけでなく、読み取るときにもこのようなグラフに騙されないようにする必要があります。

▼図2.22　加工しすぎたグラフの例

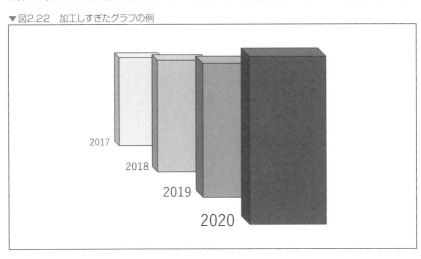

▮ 変化を表す〜折れ線グラフ

棒グラフではデータの量を表現できましたが、量を比較するのではなく、時間による変化を表現することを考えてみましょう。

▶ 時間の流れを表現する

棒グラフと同様によく使われるグラフに**折れ線グラフ**があります。棒グラフでは「量」を表しましたが、折れ線グラフではその量の「変化」を表現したい場合に使います。特に時系列による変化を表現するには、折れ線グラフは最適です。

たとえば、毎月の売上高の推移や気温の変化など、過去と比較したい場合によく使われます(図2.23)。1月から12月の季節の変化を、前年の同じ時期と比較したい場合など、複数のグラフを重ねてもわかりやすいことが特徴です(図2.24)。

▼図2.23　折れ線グラフの例

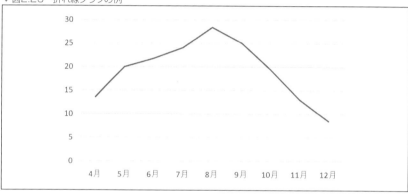

▼図2.24　季節性のあるグラフの例

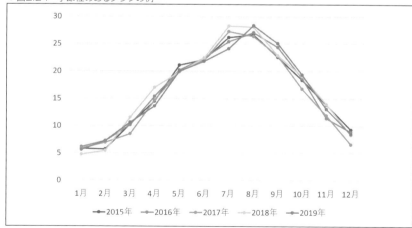

折れ線グラフは「変化」に注目しているため、縦軸を0から始めなくても問題ありません。たとえば、前年比などをグラフにする場合、最小値と最大値が含まれる範囲で表現すると、変化がわかりやすくなります（図2.25）。

▼図2.25　縦軸の範囲を絞った例

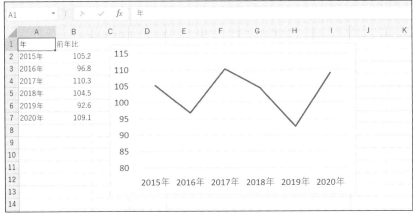

ただし、変化を強調しすぎて、誤った印象を与えないように注意が必要です。図2.26はいずれも同じ値を表現しているグラフですが、見た目がまったく異なることがわかります。このように軸の間隔を変えることで傾きが変わるため、うまく使えば効果的ですが、読み取るときには正しく読み取る力が求められています。

▼図2.26　軸の間隔を変えた例

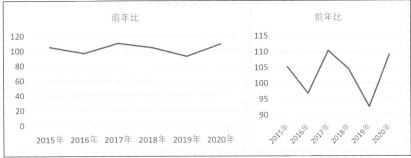

▶ 棒グラフと折れ線グラフの組み合わせ

折れ線グラフは変化を表すだけでなく、全体に占める割合を示すために使われることもあります。それが棒グラフと折れ線グラフを組み合わせた**パレート図**です。たとえば、店舗における商品別の売上高を分析するとき、それぞれの商品の売上高を棒グラフで表現し、全体に占める割合を折れ線グラフで表現します（図2.27）。Excelでは、これまでと同じように「挿入」タブにあるグラフの中から「ヒストグラム」の隣にある「パレート図」を選ぶだけです。

▼図2.27　パレート図

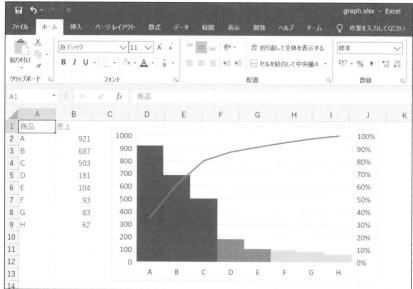

　この折れ線グラフが表すものを**累積構成比**といい、これを見るだけで次のような特徴がわかります。

- ●トップ3の商品で全売上の約80%を占めている
- ●下位の3商品を合わせても売上に占める割合は10%未満である

　売れ筋の商品から順にAランク、Bランク、Cランクと分けて考えることから**ABC分析**とも呼ばれ、どの商品を多く仕入れるか、などの判断に使われます。上記のグラフでは、商品A、B、CをAランク、商品D、EをBランク、商品F、G、HをCランクに分類できます。一般的には累積構成比が80%と90%となるところで分割します。

⫴ 割合を表す〜円グラフと帯グラフ

　量や変化だけでなく、全体に占める割合をグラフで表現する方法を紹介します。

▶ 全体に占める割合を表現する

　具体的な量を表すのではなく、全体を100としたときに、その占める割合を表現するグラフに**円グラフ**があります。売上高に占める各商品の割合を表す構成比や、業界内で自社が占めるシェアなど、ビジネスの現場ではよく使われます。

　扇形の中心角の大きさで表現するため、全体に占める割合が大きいほどその面積が大きくなります。図2.28のようなシンプルな円グラフだけでなく、図2.29のように二重の円グラフが使われることもあります。

▼図2.28　シンプルな円グラフの例

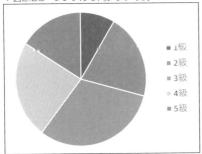

▼図2.29　二重の円グラフの例

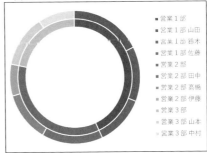

　円グラフでは、すべての項目を足すと100%になります。つまり、すべての項目を足しても100%にならない場合、円グラフを使うことは不適切です。また、あまりにも細かいデータを入れてしまうと、何を伝えたいのかわかりにくくなるため、10%を下回るようなデータは「その他」としてまとめることが一般的です。

　Excelでは簡単に円グラフを描けるため、見た目にこだわって「3D円グラフ」を使ったものをよく見かけます。これも棒グラフで紹介した例と同じように、見た目に受ける印象が正しい数字と異なってしまう可能性があります。特に手前にある項目の割合が大きく見えてしまうため、使う場合には注意が必要です。たとえば、図2.30はすべて同じ20%ずつですが、手前が大きく見えるでしょう。

▼図2.30　3D円グラフを使うときの注意

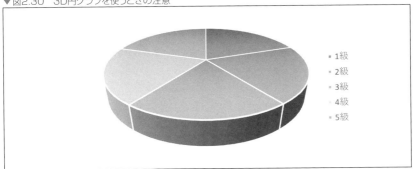

▶ 時系列で割合の変化を表現する

　時間とともに変化する場合は折れ線グラフを使いましたが、全体に占める割合が変化する場合には、**帯グラフ**が有効です。比較するタイミングが2つであれば図2.31のように円グラフを並べる方法もありますが、3つ以上のタイミングでは帯グラフを使います（図2.32）。Excelで帯グラフを描くには、棒グラフの中にある「100%積み上げ縦棒」または「100%積み上げ横棒」というグラフを選びます。

▼図2.31　円グラフで比較する

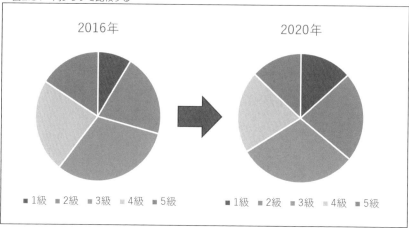

▼図2.32　帯グラフで比較する

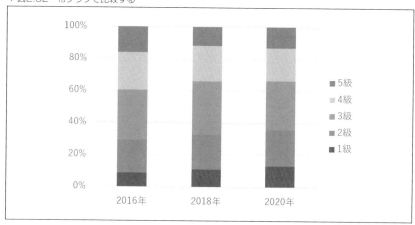

　帯グラフも円グラフと同様に、全体が100%になっているか確認します。また、割合の大小にかかわらず同じ順番で表示しないと推移がわからなくなるため、順番を変えてはいけません。

||| 2つのデータ間の関係を表す〜散布図、相関係数

　ここまで、1つの軸に対して平均や分散、標準偏差を求め、グラフを描いてきました。ここでは複数の軸の関係を表現する方法を紹介します。

▶ 個別の点ではなく全体を眺める

　私たちが使うデータは1つの軸で分析できるものだけではありません。たとえば、身長と体重の間にどんな関係があるのか、国語と数学の点数の間にどんな関係があるのか、といった分析はよく使います。このような複数のデータ間の関係を考えるときに便利なのが**散布図**です（図2.33）。

▼図2.33　散布図の例

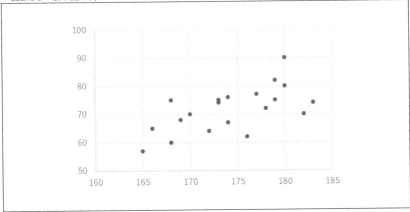

　縦と横のそれぞれの軸に対して、該当する値のペアが交差する位置に点を描きます。Excel
では、2つの軸のデータを用意し、「挿入」タブにある「散布図」を選ぶだけで作成できます。

　描かれた点を全体として眺めると、「身長が高い人は体重も重い」など2つの軸の間の関係
が見えてきます。

▶ 傾向を数値で表現する

　散布図を描くと、複数の軸での関係が見えてきますが、それを見たときの感覚は人によっ
て異なります。ある人は「身長と体重には関係がありそうだ」と思うかもしれませんし、別の人は
「無関係だ」と感じるかもしれません。

　そこで、散布図を描くだけでなく、数値化できれば誰もが同じ認識を持つことができます。
散布図での関係を数値化するときに使うのが**相関係数**で、次の式で計算できます。

$$\rho = \frac{\dfrac{1}{n}\sum_{k=1}^{n}(x_k - \bar{x})(y_k - \bar{y})}{\sqrt{\dfrac{1}{n}\sum_{k=1}^{n}(x_k - \bar{x})^2}\sqrt{\dfrac{1}{n}\sum_{k=1}^{n}(y_k - \bar{y})^2}}$$

　ここで、x_k, y_kはそれぞれの点のx座標とy座標、$\bar{x}$, $\bar{y}$はそれぞれの平均です。複雑な
式ですが、覚える必要はなく、Excelでは、「CORREL」という関数を使うだけです。

　たとえば、図2.33の散布図のデータを使ってみます。セルA2からセルA21に身長の
値、セルB2からセルB21に体重の値が入っています。ここで、相関係数を計算するには、
「=CORREL(A2:A21,B2:B21)」という式を入力します。今回は約0.62という値になりました
（図2.34）。

▼図2.34　相関係数の計算

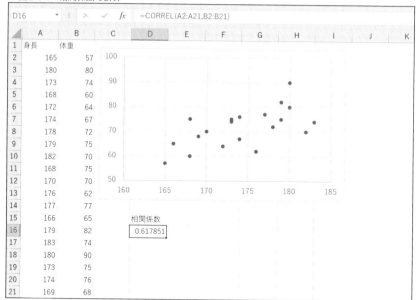

この値と分布には、図2.35のような関係があります。右肩上がりの分布を正の相関といい、相関係数は「1」に近づきます。右肩下がりの分布を負の相関といい、相関係数は「−1」に近づきます。

▼図2.35　相関係数と分布の関係

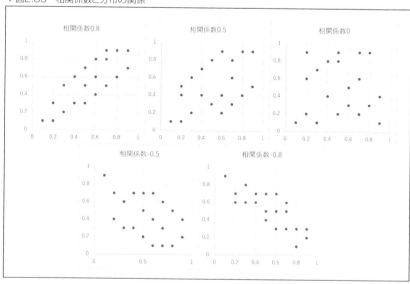

相関係数を見ると、目安として表2.13のように判断できます。

▼表2.13　相関係数の判断の目安

相関係数	意味
0.7～1.0	かなり強い正の相関がある
0.4～0.7	正の相関がある
0.2～0.4	弱い正の相関がある
-0.2～0.2	ほとんど相関がない
-0.4～-0.2	弱い負の相関がある
-0.7～-0.4	負の相関がある
-1.0～-0.7	かなり強い負の相関がある

　Excelの関数で計算するだけとはいえ、3つ以上の軸があった場合、それぞれの相関係数を全部求めるのは面倒です。このような場合も「分析ツール」を使うと便利です。「データ」タブにある「データ分析ツール」を選択し、「相関」をクリックします。

　データの範囲を指定すると、図2.36ができました。これを使うと、列が複数存在しても、それぞれの軸に対する相関を一覧で確認できます。

▼図2.36　複数の軸に対する相関係数

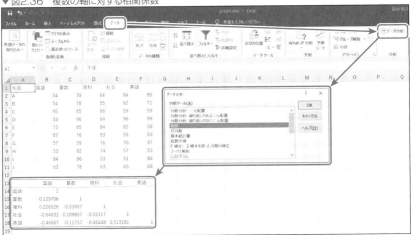

▶ 相関係数を使うときの注意点

　相関係数は数値で表現できて便利なのですが、使い方を間違えると誤った判断をしてしまう可能性があります。

　たとえば、データの件数が少ない場合、たった1つの値によって相関係数が大きく変化する場合があります。図2.37のような散布図を見ると、左上と右上に1つずつ離れた値の存在に気付きます。これは国勢調査[1]による「未成年の割合」と「15歳以上の未婚率」の分布で、それぞれの点はいずれかの都道府県を表しています。そして、左上の点は東京都で、右上の点は沖縄県です。

[1]：https://www.stat.go.jp/data/kokusei/2015/

▼図2.37　「未成年の割合」と「15歳以上の未婚率」の分布（単位:%）

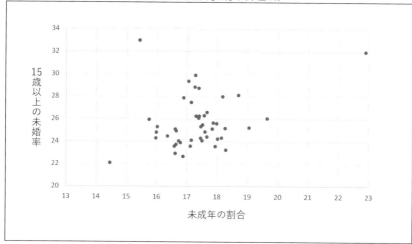

　この分布の相関係数を調べてみると、0.313212で弱い正の相関がある程度です。しかし、東京都を除いて調べてみると、この相関係数は0.494353で、ほぼ0.5に変わります。また、沖縄県を除いて調べてみると、この相関係数は0.061753で、ほぼ0に近づきます。つまり、たった1つのデータだけで、相関係数が一気に変わる場合があるのです。

　他にも、「気温が高いとアイスクリームが売れる」というような**因果関係**がある（原因と結果の関係にある）場合は相関があるように見えますし、見えない要因によって因果関係があるように見える**擬似相関**などもあります。相関係数だけを信じるのではなく、散布図を描いてみて、その裏側にある理由などを考えるようにしてください。

CHAPTER 03

数式でデータを表現する ～関数と方程式～

複数のデータ間の関係を調べる

　ここまで、「関数」という言葉を何度も使ってきました。Excelには多くの関数が用意されており、便利に使うことができます。ここでは、Excelの関数とは違って、数学的な関数について紹介し、実務に役立つ使い方を紹介します。

▌▌▌ 直線の式で表現する～1次関数、回帰分析

　数学的な関数のうち、最も基本となる1次関数について紹介し、それを活用した回帰分析の考え方を解説します。

▶ 関数とは

　数学的な関数には、1次関数や2次関数、三角関数、指数関数などたくさんあります。これらに共通するのは「xを1つ決めるとyが1つ決まる」という関係があることです。これを「yはxについての**関数**である」といい、$y = f(x)$と書きます。

　たとえば、図3.1や図3.2は関数です。それぞれ、xを1つ決めるとyが1つ決まることがわかります。

▼図3.1　関数の例(1)

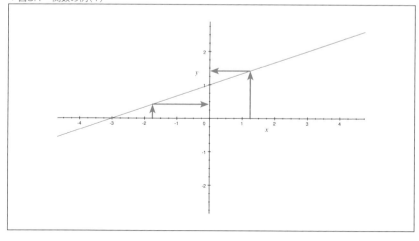

▼図3.2　関数の例（2）

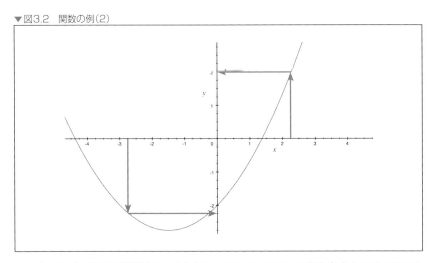

一方、図3.3や図3.4は関数とはいえません。xを1つ決めるとyが複数存在することがあるからです。

▼図3.3　関数でない例（1）

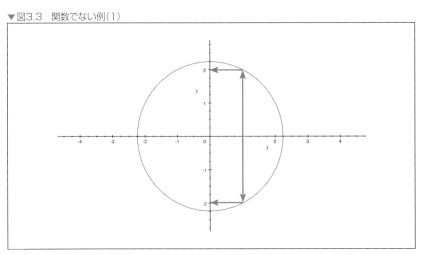

▼図3.4　関数でない例(2)

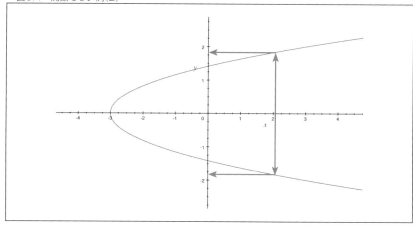

▶ 1次関数

　わかりやすい関数として**1次関数**を考えてみます。1次関数は$y = ax + b$という式で表現されます。ここで、aとbは事前に決められた値で、aを**傾き**、bを**切片**といいます。たとえば、$a = 2$, $b = 1$のとき、$y = 2x + 1$です。

　この1次関数について、xの値を変化させたとき、対応するyの値を整理してみましょう。ExcelでセルA2からセルA12に−5から5までの値を入れてみます。

　さらに、セルB2に「=2*A2+1」という式を格納します。これは、上記の1次関数の式で、xの代わりにセルの値を代入したものです。セルB3からセルB12にこの内容をコピーすると、図3.5のようなExcelファイルを作成できます。

　このような表を**対応表**といいます。この対応表をもとに散布図を作成すると、図3.5の右側のグラフが完成します。

▼図3.5　対応表と散布図

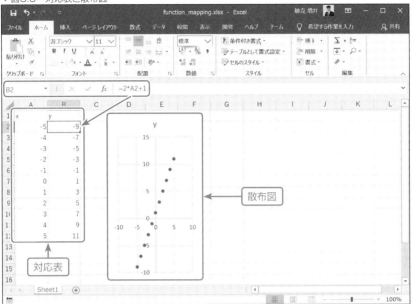

　ここで、任意の2点を選んでみます。たとえば、$x = 2$の点と、$x = 5$の点を選ぶと、xの値が2から5まで3増えている間に、yの値が5から11まで6増えています。また、$x = -5$の点と、$x = -1$の点を選ぶと、xの値が4増えている間に、yの値が-9から-1まで8増えています（図3.6）。

▼図3.6　増加量の比

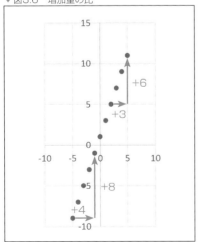

これらに対してxの増加量とyの増加量の比を考えてみます。「xが3増える間にyが6増える」ということは、その比が$\frac{6}{3} = 2$であることがわかります。同様に、「xが4増える間にyが8増える」ということは、その比が$\frac{8}{4} = 2$だとわかります。

実は、1次関数の場合、どの2点を取っても、一方からもう一方の点に対するxの増加量とyの増加量の比を比べると一定です。つまり、$\frac{y\,の増加量}{x\,の増加量}$ が一定で、今回の場合はこれが2であることを確認できます。これが**傾き**で、$y = ax + b$におけるaに当てはまります。

なお、ここではxの値として整数だけを確認しましたが、小数を選ぶこともできます。小数を含めた対応表を同じように作成すると、散布図の間隔は狭くなり、一本の直線に近づきます（図3.7）。

▼図3.7　間隔を狭くした場合

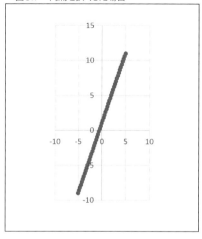

一般的に、1次関数のグラフは直線で描きます。また、傾きの値によって角度が変わり、傾きがプラスのときは右肩上がりの、傾きがマイナスの場合は右肩下がりの直線になります（図3.8）。ただし、グラフのどこを選んでも傾きは同じです。

▼図3.8　傾きの違い

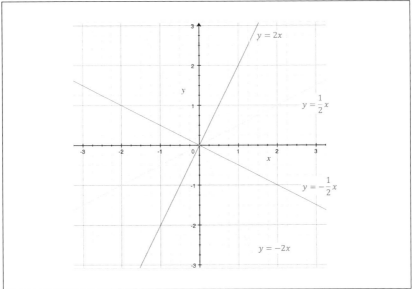

1次関数の「1次」というのは変数の数ではなく、掛け合わされている変数の個数であるため、3次元の空間で考えたときは、$z = ax + by + c$のような式も1次関数です。

次元が増えると、用いられる変数はxやyだけとは限りません。そこで、もっと次元を増やしても対応できるように、次のように表現することもあります。

$$y = a_1x_1 + a_2x_2 + a_3x_3 + \cdots + a_nx_n + b$$

▶ 回帰分析

1次関数を使うことで、簡単な予測が可能です。たとえば、パソコンのキーボードで文章を作成するとき、1分間で30文字を入力できたとします。これは、$y = 30x$という1次関数の式で表現できます。

つまり、10分間あれば$30 \times 10 = 300$文字の入力が可能だろう、と予測できます。yの値から逆算することもでき、400文字詰めの原稿用紙3枚分（=1200文字）であれば40分かかる、と計算できます。

人気店の行列に並ぶときも同じです。あなたが到着したとき、20人の客が前に並んでいました。最初の5分間で4人の客が店内に入っていったことがわかれば、自分が店内に入れる時間を予測できます。この予測は正確ではありませんが、データが増えれば増えるほど精度は上がっていきます。

登山をしている人であれば、山に登ると頂上に近づくと気温が下がることをご存知でしょう。高い山であればあるほど気温は下がりますが、いろいろな標高の気温を見てみると、標高と気温の散布図に対して図3.9のような直線を当てはめられます。

▼図3.9　散布図と直線

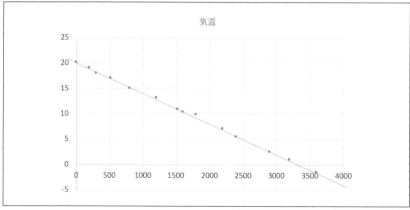

　このように、描いた散布図にできるだけ近くなるように直線を引くと、2つの変数間の関係を表現できます。この直線を**回帰直線**、この傾きを**回帰係数**といいます。このように散布図に線を当てはめて、変数間の関係を求める方法が**回帰分析**です。

　すべての点が直線の上に乗っているわけではありませんが、うまく直線を引けば便利に使えそうです。回帰直線と、実際のデータとのズレを**残差**といいます（図3.10）。この残差をすべてのデータに対して調べ、その値が小さいほど良い回帰直線だといえます（数学的な計算方法はCHAPTER 07で紹介します）。

▼図3.10　残差

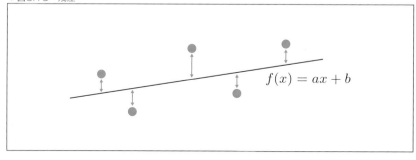

　回帰分析はExcelで簡単に実現できます。散布図を作成した状態で、グラフ上の点を選択して右クリックすると、「近似曲線の追加」というメニューがあります（図3.11）。

▼図3.11　近似曲線の追加

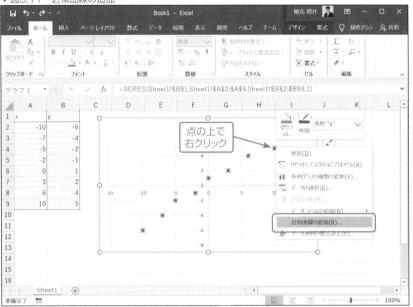

これをクリックすると、オプションを選択でき、「線形近似」を選択すると直線を引けます。また、「グラフに数式を表示する」という欄にチェックを入れると、グラフ上に回帰直線の式が表示されます（図3.12）。

▼図3.12　近似曲線の例

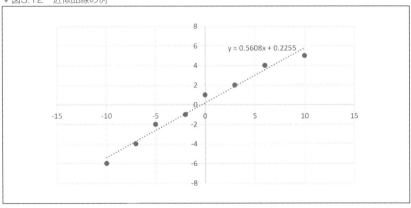

$$y = 0.5608x + 0.2255$$

回帰分析で使われている値についてもっと詳しく知りたい場合は、「データ」タブの「データ分析」から「回帰分析」を選択すると、詳しい情報を出力できます（図3.13）。

▼図3.13　データ分析ツールでの結果

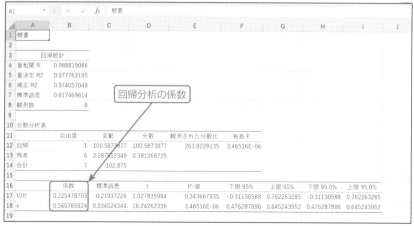

||| 等式を満たす値を求める〜方程式と連立方程式

　条件を満たす値を調べる場面はビジネスでもよく見かけます。等式が成り立つような数を求める方程式の解き方を紹介します。

▶方程式

　1次関数を使うのは傾きや切片など関数の形を確認したり、回帰分析で予測するだけではありません。xの値を決めたときにyの値を求める、もしくはyの値を決めたときにxの値を求める方法もよく使います。このように、わかっていない値を求めるときに使うのが**方程式**です。

　たとえば、$y = 3x + 1$という式で、yの値が7だとわかったとします。ここで、xの値を求めるには、$7 = 3x + 1$という式を計算します。この式が方程式です。特に、このように1次式で表されるものを**1次方程式**といいます。

　1次方程式を解くには、xに適当な値を順に入れていく方法が考えられます。たとえば、xを-5から順に1ずつ増やしていくと、右辺の$3x + 1$という式の値は表3.1のように変わります。

▼表3.1　右辺の変化

x	-5	-4	-3	-2	-1	0	1	2	3	4
右辺	-14	-11	-8	-5	-2	1	4	7	10	13

　つまり、$x = 2$のとき、両辺がともに7になり、等号が成立します。これで解けますが、毎回いろいろな値を調べるのも面倒ですし、整数だけでなく小数が答えになることを考えると大変でしょう。

　しかし、Excelには「ゴールシーク」や「ソルバー」というツールがあります。ゴールシークは英語の「goal seek」なので、名前の通り「ゴールを探す」、ソルバーは「solve+er」なので「解決する」「解く」意味があります。これは1次方程式だけでなく、方程式などさまざまな答えを求めるときに使えます。

　変数xを表すセルを用意すると、そのセルの値を変化させながら方程式を満たすxが見つかるまで調べてくれます。たとえば、セルA2をxだとすると、右辺の値は$3x + 1$なので、セルB2に「=3*A2+1」という式を入力します。

　まずゴールシークを使ってみましょう。セルB2の式を入力した状態で、Excelの「データ」タブから「What-If分析」→「ゴールシーク」を選択します（図3.14）。

▼図3.14　ゴールシークを使う

　表示された画面で、「数式入力セル」に「B2」を、「目標値」に「7」という左辺の値を、「変化させるセル」に「A2」を指定します（図3.15）。これで「OK」ボタンを押すと、自動的にセルA2の値が変わり、答えが表示されます。

▼図3.15　ゴールシークによる解法

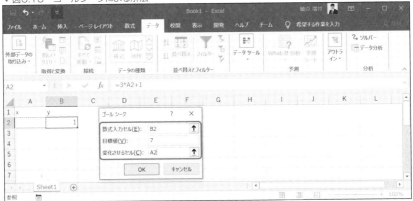

　もう1つの方法としてソルバーを使ってみましょう。「データ」タブから「ソルバ　」を選択します（「ソルバー」が表示されない場合は、24ページを参照してください）。表示された画面で、「目的セルの設定」に「B2」を、「目標値」として「指定値」を選び「7」を、「変数セルの変更」に「A2」を指定します（図3.16）。これで「解決」ボタンを押すと、自動的にセルA2の値が変わり、答えが表示されます。

▼図3.16　ソルバーによる解法

　このような簡単な式の場合は、ゴールシークでもソルバーでも簡単に求められます。もちろん、簡単な式の場合は、式を変形することで答えを求めることもでき、数学的にはこちらを使います。

　それは、変数xのある項を左辺に、変数以外の項を右辺に移項する方法です。**移項**とは、左辺にある項を右辺に移す、もしくは右辺にある項を左辺に移すことです。移項すると、その符号（プラス・マイナス）は反転します。

　たとえば、上記の$7 = 3x + 1$という式を考えてみましょう。右辺にある$3x$という項には変数xが含まれるので左辺に移行します。また、左辺にある7という項には変数が含まれませんので、右辺に移行します。

　つまり、次のように整理できます。

$$
\begin{aligned}
7 &= 3x + 1 \\
-3x &= 1 - 7 \\
-3x &= -6
\end{aligned}
$$

　最後に、両辺をxの係数である-3で割ると、答えは$x = 2$と計算できます。

　このように1次方程式を解くことは、yの値を決めたときに、1次関数$y = 3x + 1$が表す直線と交わった位置のx座標を求めることだといえます（図3.17）。

▼図3.17　グラフと方程式の関係

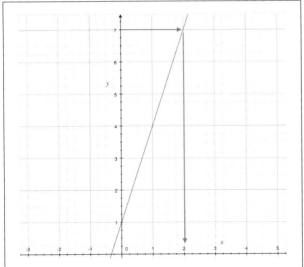

　ビジネスで方程式を使う場面として、すぐに思い浮かぶのは固定費や変動費の計算です。製造業の例で考えると、固定費は家賃や従業員の給料、変動費は材料費や送料などが考えられます。つまり、何か作っても作らなくてもかかる費用が固定費、製品を作れば作るだけかかる費用が変動費です。

　たとえば、1カ月の固定費が100万円、1個作るのにかかる変動費が1000円だったとします。この場合、x個作るのにかかる費用は$y = 1000x + 1000000$で計算できます（図3.18）。

▼図3.18　固定費と変動費

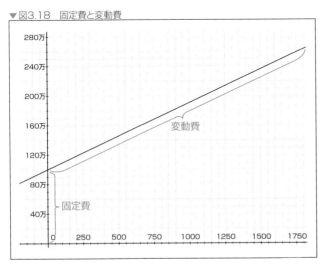

　ここで、先月の費用が200万円だった場合、いくつ製品を作ったかを調べるには、方程式を使います。つまり、$2000000 = 1000x + 1000000$という式を解けばいいのです。

▶ 連立方程式で損益分岐点を求める

方程式が1つであれば、xかyの値を決めればもう一方が決まります。これも重要ですが、方程式が2つあり、両方を満たすものを求めたい場合もあります。

たとえば、固定費と変動費を考えるときによく話題に上がるのが**損益分岐点**です。これは、費用(固定費+変動費)と売上高が均衡して、ちょうど損益がゼロになる点のことです。売上高は販売数が増えるにつれて増加します。

グラフで表現すると、図3.19のようになり、損益分岐点を越えて売れた場合には黒字に、損益分岐点に届かない場合は赤字です。損益分岐点を理解しておかないと、利益の見込みが立てられないといえます。

▼図3.19 損益分岐点

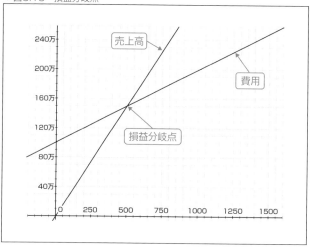

損益分岐点の販売数を計算で求めるには、グラフの交点を求めます。売上高は「販売単価×販売数」、費用は「固定費+変動費」で計算できます。変動費は「1個あたりの変動費×販売数」です。

仮に、販売単価が3000円、1カ月の固定費が100万円、1個作るのにかかる変動費が1000円、販売個数をx、金額をyとします。売上高は$y = 3000x$、費用は$y = 1000x + 1000000$と表されるので、次の式を満たす点を求めます。

$$\left\{ \begin{array}{l} y = 3000x \\ y = 1000x + 1000000 \end{array} \right.$$

このように複数の方程式を両方満たすxとyを求める式を**連立方程式**といいます。これもExcelのソルバーを使えば、xとyの値を試して求められますが、この程度であれば式を変形する方が簡単です。

この場合、左辺がともにyで等しいため、次の手順で計算できます。

$$3000x = 1000x + 1000000$$
$$2000x = 1000000$$
$$x = 500$$

このxを連立方程式のいずれかの式に代入すると、yを求められます。

ざっくりした値で予測する〜フェルミ推定

厳密な値が必要ないけれど、ざっくりした値でも予測したい場合があります。このような場合に使える方法を紹介します。

▶ フェルミ推定

Excelを使うとさまざまな予測ができることがわかりましたが、そもそも販売数はどのように予測できるのでしょうか?

実際に販売してみないと、どれくらい売れるのか判断できない場合も多いでしょう。しかし、上司に説明する、ビジネスを始めるときに融資を申し込む、という場面では論理的に予測することが求められます。

そこで、わからない値であってもそれを概算することを考えます。このような場合によく使われるのが**フェルミ推定**です。

フェルミ推定では、与えられた問題を分解して考え、それぞれに対して既知のデータを使って推測します。たとえば、「日本国内にある小学校の数は?」と聞かれたらあなたはどうやって答えるでしょうか?

このような問題であれば、インターネットを探せば答えが出てきます。しかし、インターネットが使えない会議の場で必要になったと仮定しましょう。何らかの方法で、それなりに正確な値を出さなければなりません。

このとき、「正確」といっても完璧な値を出す必要はありません。100校なのか、1000校なのか、1万校なのか、10万校なのか。最低でも桁が合うくらいの予測はしたいものです。可能であれば、数倍の範囲内に抑えられると理想的です。

▶ 分解して考える

実際に、今回の問題を次のように分解してみましょう。

$$小学校の数 = \frac{小学6年生の人口}{1つの小学校での6年生の人数}$$

つまり、6年生の人口と、1つの小学校での6年生の人数がわかれば、小学校の数は計算できます(何年生でも構いませんが、ここでは6年生にしています)。それでは、6年生の人口(=1歳あたりの人口)は何人でしょうか?

これも分解すると、次のように考えられます。

$$1歳あたりの人口 = \frac{日本の人口}{平均寿命}$$

人口ピラミッドなどを無視した計算ですが、これくらいざっくりでも十分です。日本の人口は1億2000万人から1億3000万人、というのは多くの人が知っているでしょう。また、平均寿命は80歳から85歳くらいかな、という印象を持っている人が多いでしょう。計算を簡単にするため、1億2000万人と80歳を使うと、1歳あたりの人口はざっくり150万人と計算できます（図3.20）。

▼図3.20　人口ピラミッド

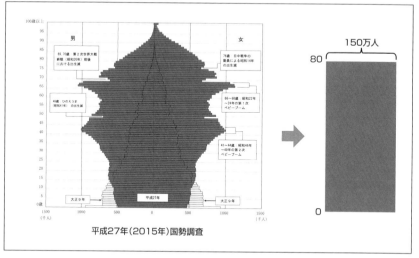

平成27年（2015年）国勢調査

さらに、1つの小学校での1学年の人数を考えてみましょう。都会では1学年に5クラスある学校もありますが、田舎だと1クラスしかない学校もあります。直感的には平均的に2から3クラスくらいでしょうか。1クラス30人から35人の学級が多いと仮定すると、1つの小学校での1学年の人数は80人くらいだと想像できます。

計算を簡単にするため、1学年を75人と仮定すると、小学校の数は150万人÷75＝2万校と予測できます。実際に文部科学省が公表している統計[1]を見ると、1950年代で2万7000校だったものが2020年現在では1万9000校くらいになっています。

これを見ると、予測に使った値はどれもざっくりした値ですが、それなりに精度の高い結果が得られています。このように、知っている値だけを使って予測するフェルミ推定は、ビジネスの場面でも役に立ちます。

たとえば、新規開店するお店でどれくらいのお客さんが来る可能性があるのか調べたい、という場合にも、このような予測が使えます。単純な方法ではありますが、大幅に予測が外れることを避けられるでしょう。

[1]：https://www.mext.go.jp/content/20200825-mxt_chousa01-1419591_8.pdfおよびhttps://www.mext.go.jp/content/20202419-mxt_chousa01-000005405_04.xls

急激な変化や周期的な変化に気付く

　1次関数では直線的な関係だけでしたが、曲線での傾向や変化に注目する場面もあります。ここでは、1次関数以外のさまざまな関数を紹介し、そのビジネスでの使い方を考えます。

放物線を関数で表現する〜2次関数

　1次関数を使った例を中心に紹介してきましたが、2次関数も多く使われています。たとえば、CHAPTER 02で解説した分散では、平均からの誤差を2乗した値を計算しました。このような2次関数について紹介します。

▶放物線

　分散を求めるときに2乗を使った理由として、負の数があっても正の数に変換できること、平均から離れれば離れるほど大きくなることが挙げられます。2乗するとどのようになるのか、グラフで考えてみます。

　ここでは、$y = x^2$のグラフを考えます。Excelでxとyの対応表を作成し、点をプロットしてみましょう（図3.21）。

▼図3.21　$y = x^2$の対応表とグラフ

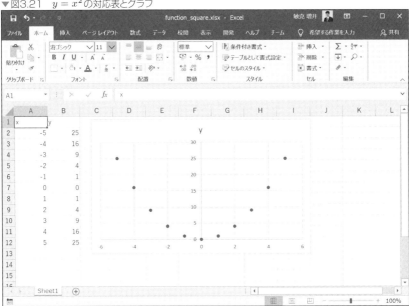

　xの間隔を短くしていくと、どんどん曲線に近づきます。これは、ボールなどを投げたときの軌道に近いため、**放物線**と呼ばれます。

　ここで、$y = 2x^2$や$y = 3x^2$のグラフを考えてみましょう。このx^2の係数が大きくなると、xが0から離れたときのyの値が急激に大きくなることがわかります（図3.22）。

▼図3.22　$y = 2x^2$、$y = 3x^2$のグラフ

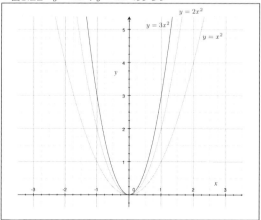

　一方、x^2の係数が小さくなった場合を考えてみます。係数がマイナスになると、グラフは上下反対になり、xが0から離れるとyの値はどんどん小さくなります（図3.23）。

▼図3.23　$y = -2x^2$、$y = -3x^2$のグラフ

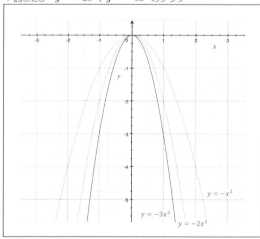

▶軸がずれたグラフ

　上記では2次関数のグラフの頂点が原点にありましたが、2次関数の式によっては原点からずれることもあります。たとえば、$y = 2x^2 + 4x + 1$というグラフは、図3.24のように頂点が$x = -1$, $y = -1$になります。

▼図3.24　$y = 2x^2 + 4x + 1$のグラフ

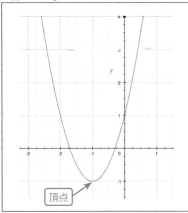

頂点

▶最大値と最小値

1次関数では、xの範囲を決めないと最大値や最小値は決まりません（図3.25）。しかし、2次関数では、x^2の係数がプラスであれば最小値が、x^2の係数がマイナスであれば最大値が決まります（図3.26）。

▼図3.25　1次関数での最小値または最大値

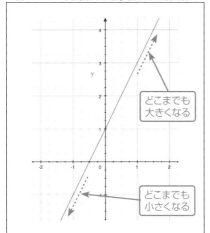

どこまでも大きくなる

どこまでも小さくなる

▼図3.26　2次関数での最小値または最大値

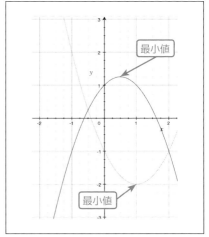

最小値

最小値

なお、2次関数でもxの範囲を決められると、その両端で絞り込めるため、最大値と最小値を両方とも求められます。

Ⅲ 利益を最大化できる組み合わせを求める〜2次方程式

1次関数のところで説明した方程式と同様に、2次関数でも方程式を考えてみましょう。

▶ビジネスにおける利益の最大化

ビジネスの現場では「販売単価をいくらにすれば利益を最大化できるだろう?」と考えることがあります。固定費と変動費は同じですが、売上は販売単価によって変わります。単純に考えれば販売単価を上げれば売上が増えますが、実際には販売個数が減ってしまうでしょう。

この場合、販売単価も変数になりますし、販売単価によって販売個数も変わるでしょう。たとえば、販売単価と販売個数の間に(販売個数) = 5000 − (販売単価)という関係があったとします。つまり、販売単価が3000円だと販売個数は2000個、販売単価が2000円だと販売個数が3000個になる、という関係です。この中で利益を最大にするには、販売単価をどうすればよいでしょうか?

販売単価を決めると、販売数量が決まり、販売数量が決まると変動費が決まります。そして、販売単価と販売数量から売上が計算でき、利益を求められます。ここでは、次の関係があるとします。

$$(販売数量) \quad = \quad 5000 − (販売単価)$$
$$(変動費) \quad = \quad (1 個あたりの変動費) \times (販売数量)$$
$$(売上) \quad = \quad (販売単価) \times (販売数量)$$
$$(利益) \quad = \quad (売上) − (固定費) − (変動費)$$

上記の3つの式を一番下の式に代入すると、

$$(利益) \quad = \quad (販売単価) \times (5000 − (販売単価)) − (固定費)$$
$$−(1 個あたりの変動費) \times (5000 − (販売単価))$$

という式ができ上がります。

先ほどの例の場合、固定費は100万円、1個あたりの変動費は1000円でした。ここで、利益をy、販売単価をxとすると、次のように整理できます。

$$y \quad = \quad x \times (5000 − x) − 1000000 − 1000 \times (5000 − x)$$
$$= \quad −x^2 + 6000x − 6000000$$

これを見ると、x^2の係数がマイナスなので、どこかで最大値がありそうです。式を変形して頂点を求める方法もありますが、このような場合は、ゴールシークよりもソルバーを使います。

目的セルとして利益の値を設定し、目標値を「最大値」に設定するのです。そして、「変数セルの変更」で各変数の場所を設定するだけで、最大になる販売単価などを計算できます（図3.27）。

▼図3.27　利益が最大となる単価を決める

同様に、利益を増やす方法はいくつも考えられます。たとえば、次のような方法があるでしょう。

● 広告を出して販売数を増やす

● 材料費を下げて変動費を減らす

● 家賃が安い場所に引っ越して固定費を減らす

　広告を出すと販売数は増えるかもしれませんが、広告費の分だけ費用が増えます。それぞれ変動費や固定費なども変数として考え、利益を最大化できるものを見つける必要があります。

　このような場合に、2次関数が使えると最大値を計算できます。式を変形する方法もありますが、Excelをうまく使って計算できるようにしておきましょう。

▶ 2次方程式

　この2次関数のグラフにおいて、yがある値になったとき、それを満たすxの値を求めることを考えてみましょう。わかりやすい例が$y = 0$のときです。これは、2次関数のグラフとx軸との交点だといえます。

　たとえば、$y = x^2 - 4x + 3$のグラフがあったとします。このグラフと$y = 0$との交点を求めます（図3.28）。これは、2つの直線の交点なので、連立方程式で求められます。つまり、$x^2 - 4x + 3 = 0$を満たすxを求めることを意味します。

　このような式を**2次方程式**といいます。

▼図3.28　$y = x^2 - 4x + 3$と$y = 0$の交点

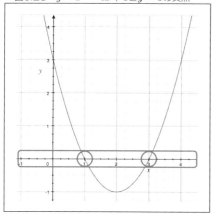

これもExcelを使えば図3.29のように式をセットしておき、これまでと同様にゴールシークやソルバーで求められます。ただし、求められる値は1つだけです。今回の場合、$x = 1$に近い値は求められますが、もう1つの$x = 3$という答えは求められません。

▼図3.29　Excelで求める

　このように、2次関数の場合は交点が2つある可能性があるのです。この2つの値を求めるとき、学校では大きく2通りの解き方を学びます。それは、因数分解を使う方法と、解の公式を使う方法です。

▶ 因数分解で求める

　因数分解は、足し算や引き算の式を掛け算に変形することです。

　上記の場合、$x^2 - 4x + 3 = 0$という式の左辺は足し算と引き算です。この左辺を次のように変形します。

$$x^2 - 4x + 3 = (x - 1)(x - 3)$$

逆に右辺を展開すると、左辺を求められることから、この変形は正しいことがわかります。このように変形するメリットとして、「掛けて0ならばどちらかが0である」ということがあります。

つまり、上記のように変形すると、$(x-1)(x-3)=0$を満たすものは、$x-1=0$または$x-3=0$のどちらかを満たす、ということです。それぞれを移項すると、$x=1$または$x=3$を求められます。

一般的に、次の左辺を展開すると右辺を求められます。これを逆方向に使えば、足し算の式を掛け算に変形できることがわかります。

$$(x+\alpha)(x+\beta)=x^2+(\alpha+\beta)x+\alpha\beta$$

つまり、x^2-4x+3の場合は、足して-4、掛けて3になる数を探します。整数の範囲で考えると、掛けて3になる組み合わせは1と3、または-1と-3が考えられ、足して-4になるのは-1と-3です。つまり、αとβにそれぞれ-1と-3を代入すると、$(x-1)(x-3)$と変形でき、上記のように2次方程式を満たすxを求められます。

▶ 解の公式で求める

因数分解はうまく変形できれば簡単に求められますが、ビジネスの場面ではそう簡単には計算できないことも少なくありません。このときに役立つのが**解の公式**です。

$ax^2+bx+c=0$という2次方程式の解は、次の式で求められます。

$$x=\frac{-b\pm\sqrt{b^2-4ac}}{2a}$$

たとえば、$x^2-4x+3=0$の場合、上記の式に代入すると、次のように計算できます。

$$
\begin{aligned}
x &= \frac{4\pm\sqrt{4^2-4\times1\times3}}{2}\\
&= \frac{4\pm\sqrt{16-12}}{2}\\
&= \frac{4\pm2}{2}\\
&= 1,\ 3
\end{aligned}
$$

公式は必要なときに調べればすぐに見つかるので覚えておく必要はありませんが、「代入すると答えが求められる」ことと、「答えが2つある場合がある」ことを知っておきましょう。また、ルートの中がマイナスになる場合は、実数[2]の範囲では計算できないことも知っておきましょう。

角度で物事を考える～三角比

複数の軸で考えるとき、そのデータ間の角度を見ることがあります。この場合に使われる三角比について紹介します。

▶ 三角比

三角比は名前の通り、三角形における辺の比のことです。たとえば、図3.30のような直角三角形を考えます。この三角形の高さをa、底辺の長さをb、斜辺の長さをcとしたとき、それぞれの辺の比を考えます。

---

[2]：高校では虚数という考え方も学びますが、本書では扱っていません。

▼図3.30　三角比

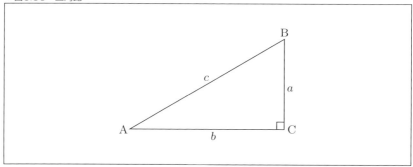

　高さと斜辺の長さの比は$\frac{a}{c}$、底辺の長さと斜辺の長さの比は$\frac{b}{c}$、高さと底辺の長さの比は$\frac{a}{b}$で求められます。これらが頂点Aに対する三角比で、それぞれ**正弦**、**余弦**、**正接**といいます。数式ではsin A、cos A、tan Aと書き、「サイン A」「コサイン A」「タンジェント A」と読みます。

　三角比を使う理由として、実際に測定できないものを計算で求められることが挙げられます。たとえばビルの高さや川幅の広さを求めるとき、比がわかれば身近なものからその長さを求められます（図3.31）。

▼図3.31　三角比の活用

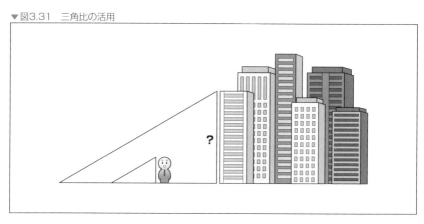

　ビルの高さを調べるのが難しくても、地上の長さを測るのは比較的容易です。ここで、誰かの身長がわかっている場合は、角度を同じにして地上の長さの比を考えると、ビルの高さを計算できます。

▶三角比の計算

　図3.30において、頂点Aの角度を変えると、三角比の値は少しずつ変化します。そこで、その変化をグラフで表すことを考えてみましょう。

　ここでは、**三平方の定理**を使います。三平方の定理とは、直角三角形において、斜辺以外の2つの辺について長さの2乗の和を計算すると、斜辺の長さの2乗に等しいという定理です。図3.30で考えると、$a^2 + b^2 = c^2$という計算式が成り立ちます。

　三角定規で考えると、図3.32のような辺の比になっていることがわかります。

▼図3.32　三角定規での三角比

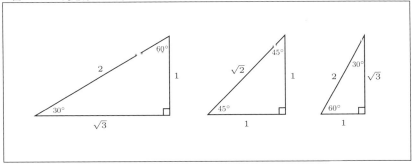

　これを使うと、頂点Aの角度をxとしたとき、代表的な値での対応表は表3.2のようになります。

▼表3.2　三角比の対応表

x	$0°$	$30°$	$45°$	$60°$	$90°$	$120°$	$135°$	$150°$	$180°$
$\sin x$	0	$\frac{1}{2}$	$\frac{1}{\sqrt{2}}$	$\frac{\sqrt{3}}{2}$	1	$\frac{\sqrt{3}}{2}$	$\frac{1}{\sqrt{2}}$	$\frac{1}{2}$	0
$\cos x$	1	$\frac{\sqrt{3}}{2}$	$\frac{1}{\sqrt{2}}$	$\frac{1}{2}$	0	$-\frac{1}{2}$	$-\frac{1}{\sqrt{2}}$	$-\frac{\sqrt{3}}{2}$	-1
$\tan x$	0	$\frac{1}{\sqrt{3}}$	1	$\sqrt{3}$	$-$	$-\sqrt{3}$	-1	$-\frac{1}{\sqrt{3}}$	0

　さらに、三平方の定理$a^2 + b^2 = c^2$を式変形してみます。両辺をc^2で割ると、$\frac{a^2}{c^2} + \frac{b^2}{c^2} = 1$なので、さらに整理すると次の関係が得られます。

$$\left(\frac{a}{c}\right)^2 + \left(\frac{b}{c}\right)^2 = 1$$

ここに$\sin A = \frac{a}{c}$、$\cos A = \frac{b}{c}$を代入すると、

$$\sin^2 A + \cos^2 A = 1$$

という関係が得られます。つまり、$\sin A$の値がわかれば$\cos A$の値が求められますし、逆も同様です。

▶三角関数

　もう少し角度を細かく変えた値をExcelで計算して、グラフにしてみましょう。ExcelにはSINやCOS、TANという関数が用意されており、それぞれsin、cos、tanの値を計算できます。ただし、これらの関数で引数として指定するのは、上記のような45°や60°といった値ではありません。

　このような45°や60°といった値は**度数法**と呼ばれ、私たちが算数などで使ってきた角度の測り方です。しかし、数学では**弧度法**という測り方を使います。

　弧度法は、名前の通り、弧の長さの度合いを使った方法で、弧の長さが円周に占める割合で扇型の中心角を考えます。半径が1の円における円周の長さは2πで計算できることは小学校で学んだでしょう（直径 × 3.14）。

　ここで、円周上の長さが1のときに対応する中心角を1[rad]（ラジアン）とします（図3.33）。つまり、360°を2π[rad]とする考え方で、180°ならπ[rad]、90°なら$\frac{\pi}{2}$[rad]となります。

▼3.33　弧度法の考え方

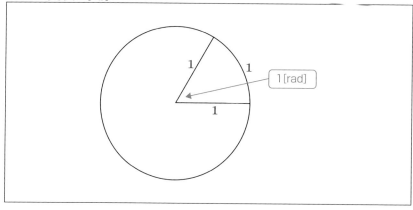

Excelでsin 90°を求めるには、「=SIN(PI()/2)」と書きます。ここで、「PI()」は円周率を返す関数です。実際に、ラジアンの値を求めながら、三角比の値を計算してみると、図3.34のようになります。

▼図3.34　Excelで三角比を求める

F2		▼	⋮	×	✓	*fx*	=PI()*F1/180			
	A	B	C	D	E	F	G	H	I	J	K
1	x	0	30	45	60	90	120	135	150	180	
2	rad	0	0.523599	0.785398	1.047198	1.570796	2.094395	2.356194	2.617994	3.141593	
3	sin	0	0.5	0.707107	0.866025	1	0.866025	0.707107	0.5	1.23E-16	
4											

この角度をより細かく変えながら、三角比の値を点で描いてみると、図3.35ができます。

▼図3.35　三角比のグラフ

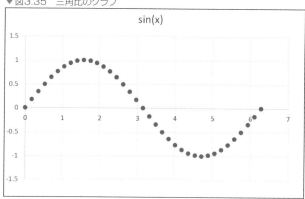

このように、波のような変化が得られることが三角比の特徴です。xを1つ決めると三角比の値が求められることから、これも関数だといえます。そして、これを**三角関数**といいます。

▐▐▐ 周期性を見る〜三角関数

　三角関数を学ぶときにハードルが高いのは、特殊な記号が多いことや、公式や定理が次から次へと登場することです。公式を覚えるのは大変ですが、三角関数の特徴である周期性について知っておきましょう。

▶ 周期性

　角度を少しずつ変えながらsinのグラフを描くと、波のようになっていることがわかりました。同様に、cosのグラフも同じような波になっています。

　xの範囲を0から2πまで変えたときのグラフをさらに続けてみると、2πを超えても同じ形で繰り返していることがわかります（図3.36、図3.37）。

▼図3.36　$y = \sin x$のグラフ

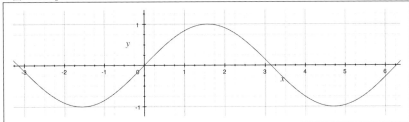

▼図3.37　$y = \cos x$のグラフ

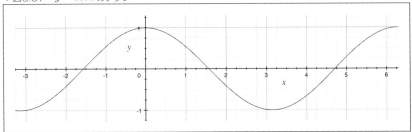

　このように一定の間隔で同じ形を繰り返すことを**周期性がある**といいます。ビジネスの世界でも、周期性に注目することは少なくありません。

　たとえば、扇風機の販売数を考えてみます。夏が近くなると売上が伸びて、秋から冬に減少することは容易に想像できます。このとき、前月比にばかり注目していると、秋から冬にかけて前月比の値は悪くなっていきます。

　ここで、頑張って売上を伸ばそうと思っても季節を考えると困難です。その理由は、季節の変化に「周期性」があるためです。定期的に波のように変化が訪れますので、その波の周期に合わせて分析しないと、適切な対応が行えません。

　ここに三角関数の出番があります。三角関数で捉えれば、一見すると複雑そうに見えるものでも、周期性が見えてくることがあります。

▶振幅と周波数を変える

$y = \sin x$のグラフを見ると、周期や大きさが固定されているように思いますが、$y = 2\sin x$のように全体を2倍すると縦方向に2倍になり、$y = \sin 2x$のように角度を2倍すると横方向の間隔が$\frac{1}{2}$倍になります。このように縦方向のことを**振幅**、横方向の間隔のことを**周波数**といいます。

▼図3.38　$y = \sin x$と$y = 2\sin x$、$y = \sin 2x$の違い

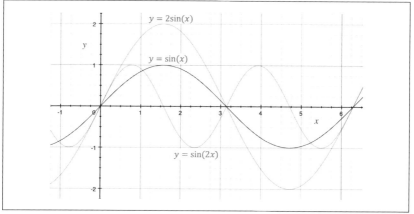

私たちの身近な例では、AMラジオとFMラジオがあります。AMラジオは振幅を変えたもの、FMラジオは周波数を変えたものです。

その他、波で表せるものは電気や電波など、さまざまなものに使われています。これらの原理を理解するためには三角関数は欠かせません。また、後述する類似度の部分でも三角関数が登場しますので、この考え方を知っておきましょう。

▍▍▍三角関数でよく使われる定理

三角関数を扱うとき、よく知られた関係があり、定理として証明されています。ここでは証明の内容までは触れませんが、その意味を知っておきましょう。

▶正弦定理と余弦定理

図3.39のように、三角形の各辺をa, b, cとし、向かい合う角をA, B, Cとしましょう。

▼図3.39　三角形の例

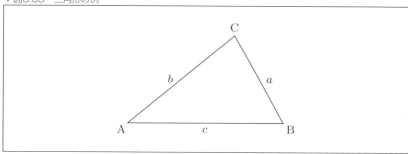

このとき、それぞれの間には次のような関係があります。

$$\frac{a}{\sin A} = \frac{b}{\sin B} = \frac{c}{\sin C}$$

この関係を**正弦定理**といいます。また、この三角形に外接する円を描き（図3.40）、その半径をRとすると、次の式が成り立ちます。

▼図3.40　三角形と外接円

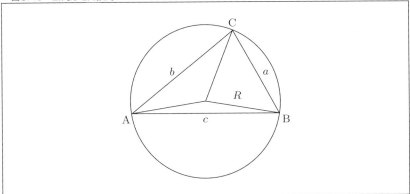

$$\frac{a}{\sin A} = \frac{b}{\sin B} = \frac{c}{\sin C} = 2R$$

この一部を使うと、たとえば次の関係が成り立ちます。

$$\sin A = \frac{a}{2R}, \quad \sin B = \frac{b}{2R}, \quad \sin C = \frac{c}{2R}$$

つまり、角度は向かい合う辺の長さと外接円の半径で計算できることを意味します。長さであればメジャーや物差しで測るのも簡単ですが、角度を調べるのは大変です。この正弦定理により、私たちは扱いにくい角度を扱いやすい長さの比に変換できるのです。

また、同じ三角形において、次の関係があります。

$$a^2 = b^2 + c^2 - 2bc \cos A$$
$$b^2 = c^2 + a^2 - 2ca \cos B$$
$$c^2 = a^2 + b^2 - 2ab \cos C$$

この関係を**余弦定理**といいます。これも、正弦定理と同じように角度を辺の関係に変換できます。上記の3つの式は次のように変形することもできます。

$$\cos A = \frac{b^2 + c^2 - a^2}{2bc}$$

$$\cos B = \frac{c^2 + a^2 - b^2}{2ca}$$

$$\cos C = \frac{a^2 + b^2 - c^2}{2ab}$$

　円の直径を通る三角形の円周角は必ず90度になるので、直角三角形を描けば、その斜辺の長さが直径になります（図3.41）。三角定規の場合などを思い浮かべて、正弦定理や余弦定理が成り立つことを確認するとよいでしょう。

▼図3.41　直角三角形と円

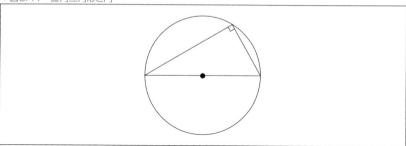

▶ 加法定理

　数式や関数の場合、足し算や引き算を考えました。三角関数においても足し算や引き算の結果を求めてみましょう。

　三角関数は三角形で考えられるため、三角形での足し算を想像すると、角度を足したり引いたりすることが思い付きます。つまり、図3.42のように2つの三角形を並べたとき、新たにできた角度に対する三角比がどのようになるかを考えてみます。

▼図3.42　三角関数の加法定理

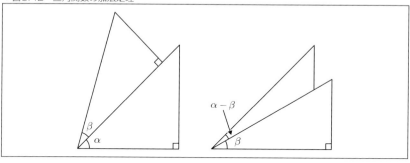

　ここで求めたいのは、α，βという2つの角があったときに、それらの和や差です。たとえば、sinとcosについて考えると、次の関係が成り立ちます。

$$\sin(\alpha + \beta) = \sin\alpha\cos\beta + \cos\alpha\sin\beta$$

$$\sin(\alpha - \beta) = \sin\alpha\cos\beta - \cos\alpha\sin\beta$$

$$\cos(\alpha + \beta) = \cos\alpha\cos\beta - \sin\alpha\sin\beta$$

$$\cos(\alpha - \beta) = \cos\alpha\cos\beta + \sin\alpha\sin\beta$$

　これらの式を**加法定理**といいます。証明は省略しますが、これらを使うと角度の足し算や引き算を計算できます。CHAPTER 05でこの定理を使うので、このような定理があることを知っておきましょう。

大きな金額を比べやすくする

　ビジネスで使うデータは学校で学ぶときに使う身近な値よりも大きな値がたくさん登場します。このような大きな値を使うときに役立つ考え方を紹介します。

▊ 急激に増える変化を表す～指数

　大きな数の計算を楽にするには、指数の使い方に慣れる必要があります。基本的な計算方法を知っておきましょう。

▶ 指数関数

　1次関数や2次関数のように、変数を掛け合わせるのではなく、累乗を考えたものとして**指数関数**があります。指数関数は$y = 2^x$のように表現され、この2を**底**、xを**指数**といいます。

　たとえば、$x = 5$のとき、$y = 2^5 = 2 \times 2 \times 2 \times 2 \times 2$を意味します。ここで、$2^2 \times 2^3$を考えると、$2 \times 2 \times 2 \times 2 \times 2$なので$2^5$です。また、$(2^3)^2$は$(2 \times 2 \times 2)^2$なので、$2^6$です。

　つまり、掛け合わされている個数を考えると、次の関係が成り立ち、これを**指数法則**といいます。

$$a^{x+y} = a^x \times a^y$$
$$(a^x)^y = a^{xy}$$

　なお、aがどんな数でも、$a^0 = 1$と定義します。これにより、$a^{x-x} = a^x \times a^{-x} = 1$となり、次のように指数がマイナスの場合にも一般化できます。

$$a^{-x} = \frac{1}{a^x}$$

▶ 指数を使うと大きな計算が楽になる

　指数法則を見ると、掛け算を足し算に変換できることがわかります。同様に、割り算を引き算に変換できるのです。

$$a^{x-y} = a^x \div a^y$$

　これを使うと、大きな数の計算が簡単になります。

　たとえば、商品を325万個売ったところ、その売上が1億3000万円になったとき、平均売価はいくらになるか考えてみましょう。そのまま計算式で書くと、$130000000 \div 3250000$となります。ゼロが多くて、書き間違えても気付きにくそうです。

　指数を使って表現すると、$1.3 \times 10^8 \div (3.25 \times 10^6)$と書けます。これは次のように計算できます。

$$
\begin{aligned}
1.3 \times 10^8 \div (3.25 \times 10^6) &= 1.3 \div 3.25 \times 10^{(8-6)} \\
&= 0.4 \times 10^2 \\
&= 40
\end{aligned}
$$

93

このように計算すると、桁を間違えるなどの計算ミスを減らせる可能性があります。

また、大きな数をシンプルに表現できるメリットもあります。たとえば、私たちがコンピュータを使うときに容量を表すKB（キロバイト）、MB（メガバイト）、GB（ギガバイト）といった単位も、これと同じ計算をしているといえます。

Excelでも、桁が大きい数や、小数点以下の桁数が多い場合、指数を使って表示される場合があります。たとえば、セルA1に1、セルB1に「=A1*10」、セルC1に「=B1*10」、と入れてみましょう。同様に、セルA2に1、セルB2に「=A1/10」、セルC2に「=B2/10」と入れてみます。

これを右方向にコピーすると、最初は「10」「100」や「0.1」「0.01」と表示されていますが、途中から「1E+08」「1E-07」のように表示されます（図3.43）。

▼図3.43　Excelでの指数表示

	A	B	C	D	E	F	G	H	I	J	K
J1			f_x	=I1*10							
1	1	10	100	1000	10000	100000	1000000	10000000	1E+08	1E+09	
2	1	0.1	0.01	0.001	0.0001	0.00001	0.000001	1E-07	1E-08	1E-09	
3											

この「E」というのが指数を表したもので、「1E+08」は「1.0×10^8」を、「1E-07」は「1.0×10^{-7}」を表しています。

▶指数関数のグラフ

指数関数 $y = a^x$ についてグラフを描いてみると、底 a が $a > 1$ を満たすとき図3.44のように、x が大きくなると急速に y が大きくなります。また、x が小さくなると y は0に近づきます。

▼図3.44　$a > 1$ の指数関数

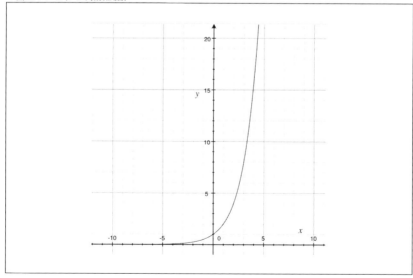

一方、$0 < a < 1$のとき、そのグラフは図3.45のようになります。このとき、いずれもyが0に近づきますが、0にはなりません。

▼図3.45　$0 < a < 1$の指数関数

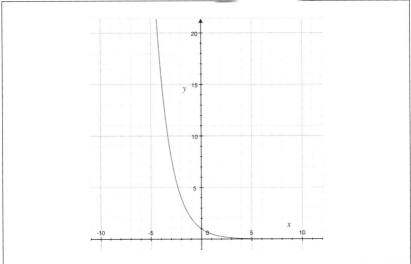

Excelで指数を扱うには、「POWER」という関数を使います。たとえば、「=POWER(2,3)」と入力すると、$2^3 = 8$が計算され、8という値が格納されます。

これを使うと、指数関数のグラフを簡単に描くことができます（図3.46）。

▼図3.46　指数関数のグラフ

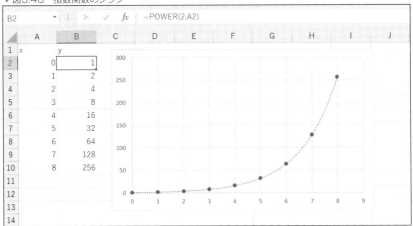

▓ 掛け算を足し算で表現できるようにする〜対数

指数を逆に考えると、大きな数も小さな数で扱えます。このような計算方法を知っておきましょう。

▶ 対数の考え方

指数関数を逆に考えて、$a^y = x$を満たすようなyを求めることを考えます。このyのことを底をaとするxの**対数**といい、次のように表現します。

$$y = \log_a x$$

たとえば、$2^3 = 8$なので、$3 = \log_2 8$です。指数関数のグラフが常に$y > 0$であったことを考えると、このxは常に正の数であることがわかります。

また、$a^y = x$の両辺をM乗すると、$(a^y)^M = x^M$で、指数法則より$a^{My} = x^M$です。これも対数をとると、$My = \log_a x^M$なので、$M \log_a x = \log_a x^M$です。つまり、一般に次の式が成り立ちます。

$$\log_a x^y = y \log_a x$$

同様に、指数法則では$a^{x+y} = a^x \times a^y$が成り立ちました。ここで、$a^x = M$, $a^y = N$とすると、$x = \log_a M$, $y = \log_a N$が成り立ちます。そして指数法則の右辺を置き換えると$a^{x+y} = MN$なので、$x + y = \log_a MN$です。つまり、$\log_a M + \log_a N = \log_a MN$なので、対数の場合には次の式が成り立ちます。

$$\log_a xy = \log_a x + \log_a y$$

これは、掛け算を足し算に変換できることを意味し、大きな数を扱う場合によく使われます。逆方向も成り立ちますが、底が同じであることが必要です。

つまり、$\log_2 x + \log_4 y$のような計算はできません。そこで、底が異なる対数の和を計算する場合には底を揃える必要があります。このような場合には次の**底の変換公式**が使われます。これを使うと、対数の底を自由に変更できます。

$$\log_a b = \frac{\log_c b}{\log_c a}$$

上記の$\log_2 x + \log_4 y$であれば、次のように変形すると計算できます。

$$
\begin{aligned}
\log_2 x + \log_4 y &= \log_2 x + \frac{\log_2 y}{\log_2 4} \\
&= \log_2 x + \frac{\log_2 y}{2} \\
&= \log_2 x + \log_2 y^{\frac{1}{2}} \\
&= \log_2 xy^{\frac{1}{2}}
\end{aligned}
$$

Excelで対数を計算するには、「LOG」という関数を使います。たとえば、「=LOG(8,2)」と入力すると、$\log_2 8$を計算して3が表示されます。

▶ 身近なところで使われる対数

対数はとっつきにくいイメージがありますが、身近なところでも使われています。たとえば、音の大きさを表すデシベルという単位です（表3.3）。

▼表3.3　音の大きさを表す単位

デシベル	相対エネルギー	人の感覚
0 dB	10^0	人が認識できる最小の音量
20 dB	10^2	ささやき声
40 dB	10^4	深夜の住宅街
60 dB	10^6	普段の会話
80 dB	10^8	地下鉄の車内
100 dB	10^{10}	電車のガード下

このデシベルは相対的な音の大きさを表しています。つまり、デシベルの大きさが10増えるとエネルギーは10倍に、20増えると100倍になるのです。

また、地震のエネルギーを表すマグニチュードも対数です。マグニチュードが1増えると、地震のエネルギーは約32倍になります。つまり、M5と比べてM6は約32倍、M5と比べてM7は約1000倍になるのです。

▶ 対数関数

この対数を関数と考えたものが**対数関数**です。たとえば、$y = \log_2 x$という関数を考え、そのグラフを描いてみましょう。Excelで対応表を作成し、散布図を描くと図3.47のようになります。

▼図3.47　$y = \log_2 x$のグラフ

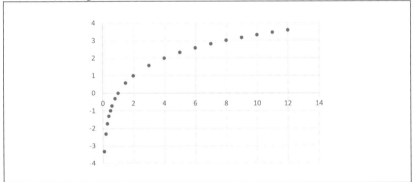

また、$y = \log_{\frac{1}{2}} x$のグラフは図3.48のようになります。いずれもxがマイナスになることはありません。

▼図3.48 $y = \log_{\frac{1}{2}} x$のグラフ

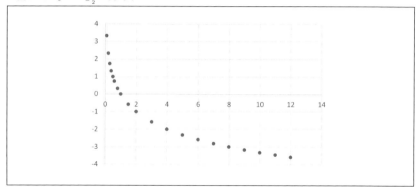

▶ 常用対数

　日常的によく使うのが、底として10を指定したもので、これを**常用対数**といいます。たとえば、1億といった大きな数を扱うことを考えてみましょう。1億は100,000,000と多くの0が並びますが、指数を使うと10^8と表せます。そして、$\log_{10} 10^8 = 8$なので、1億という大きな値でも対数を使うことで8という身近な数に変換できるのです。

　これをグラフとして表したのが**対数グラフ**で、グラフの目盛りとして対数を使ったものを指します。一般的には、グラフの一方の軸に対数を使った**片対数グラフ**を使います。

　たとえば、携帯電話の通信速度の変化を見てみましょう。使われている技術が登場した年と、その技術での最大通信速度を整理すると、表3.4のようになります。

▼表3.4 携帯電話の通信速度の変化

年	最大通信速度	使われている技術
1980年	9.6Kbps	アナログ方式
1993年	28.8Kbps	PDC
1998年	64Kbps	cdmaOne
2001年	384Kbps	W-CDMA
2003年	2.4Mbps	CDMA2000など
2006年	14.4Mbps	HSDPAなど
2010年	100Mbps	LTE
2015年	1Gbps	LTE-Advanced
2020年	10Gbps	5G

　このように、急速に変化した場合、当初の速度の変化が見えなくなってしまうのです（図3.49）。しかし、対数グラフを使うことで、その変化をある程度わかりやすく表現できます（図3.50）。

▼図3.49　通信速度のグラフ

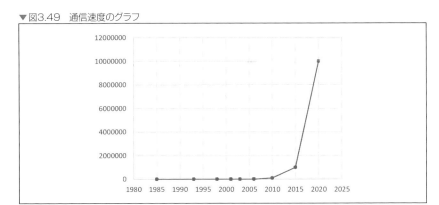

▼図3.50　通信速度の片対数グラフ

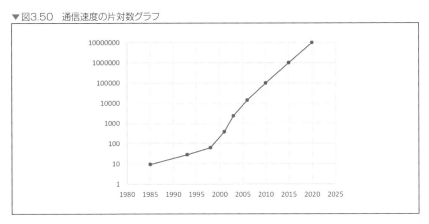

　Excelで片対数グラフを作るには、グラフを作成した後で、「軸の書式設定」から「対数目盛を表示する」にチェックします（図3.51）。

▼図3.51　対数目盛でグラフを作成

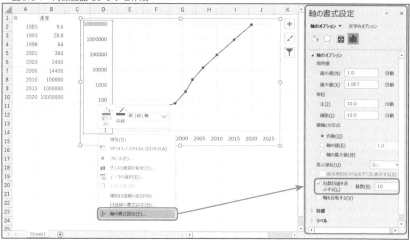

▶ ネイピア数と自然対数

10進数をよく使う日常生活においては、常用対数が便利なように思うのですが、数学の世界では**ネイピア数**という数がよく使われ、eと書きます。これは$2.7182818\cdots$と無限に続く数です。

これを底とする対数のことを**自然対数**といい、対数の底を省略した場合は、底がeであることを表しています。つまり、$\log e = 1$です。また、$\log x$のことを$\ln x$と書くこともあります。

この自然対数は確率の分野でもよく使われます。CHAPTER 02では正規分布という分布を紹介しました。正規分布は図3.52のような形でした。

▼図3.52　正規分布のグラフ

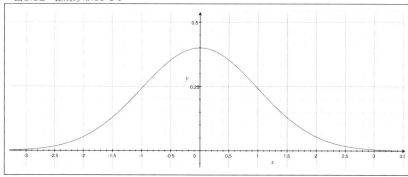

平均がμ、分散がσ^2の正規分布は、次のような関数で与えられます。この式にeが登場しています。

$$f(x) = \frac{1}{\sqrt{2\pi\sigma^2}}e^{-\frac{(x-\mu)^2}{2\sigma^2}}$$

また、120ページで紹介する**シグモイド関数**でも使われます。なお、微分や積分などでも便利な特徴があるので、CHAPTER 07で紹介します。

CHAPTER 04

高い精度で予測する
～確率と検定～

過去のデータから未来を予測する

　時系列などで「変化」に着目する場合は折れ線グラフを使いましたが、これでは過去の推移を見ることができるだけです。また、一定の期間で同じようなパターンを繰り返す場合は、周期性から未来を予測できるかもしれませんが、周期性がないことも考えられます。

　このような場合でも、過去のデータをもとに未来を予測してみましょう。ここで重要なのは、勘や予想ではなく、データに基づく「予測」をすることです。

時系列での大まかな変化を捉える〜移動平均と加重平均

　細かな期間での変化を見るのではなく、長期的な視野で変化を捉えることで、流れが見えてくる場合があります。そこで大まかな変化を捉える方法を紹介します。

▶期間をずらしながら平均を計算する

　過去のデータから傾向を調べる1つの方法として**移動平均**があります。たとえば、気温のデータの場合、最高気温は日々変化します。急に暖かくなる日があるかと思えば、急に寒くなる日もあります。このように、細かくデータが変動していると、そのグラフは凹凸です（図4.1）。

▼図4.1　日々変わるデータの例

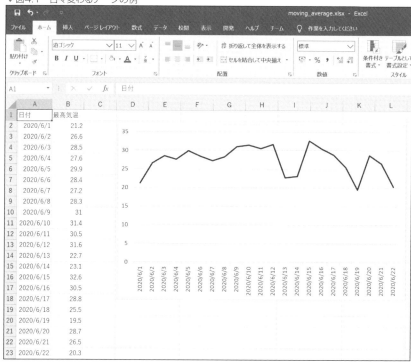

そこで、この1日単位のデータをもとに、1週間の平均を1日ずつずらしながら計算します。たとえば、6/1から6/7までの1週間の平均、6/2から6/8までの1週間の平均、というように期間をずらしながら求めて、この平均の傾向を調べる方法です。

図4.1のExcelファイルで、セルC8に「=AVERAGE(B2:B8)」という式を入力し、下方向にコピーしてみましょう。このA列からC列についてグラフを作成すると、図4.2が得られます。

▼図4.2 Excelで移動平均を計算

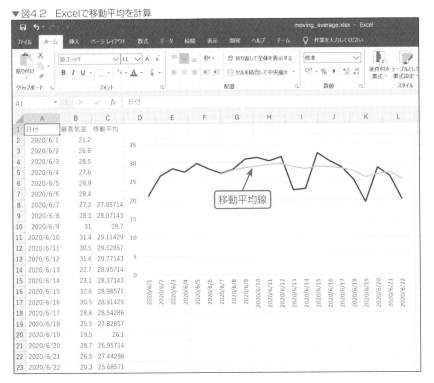

このように一定期間の平均を線でつないでできる図を**移動平均線**といいます。もっと長期間で作成したグラフを重ねると、図4.3のように変化が緩やかになり、気温の変化のトレンドが見えてきます。

▼図4.3　移動平均の例

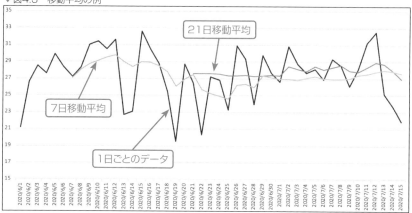

なお、データ分析ツールを使うと、このような式を入力することなく移動平均を求めることもできます。「データ」タブの「データ分析ツール」を選択し、「移動平均」を選択、入力範囲と区間を指定します。後はヒストグラムを作成したときと同様です。

▶ 移動平均を使うときの注意点

　この移動平均は株価や為替などでよく使われています。細かな変化を見るだけでなく、長期間での変化を見ることで、トレンドがわかってくるのです。このとき、移動平均線を1つだけ見てしまうと、判断を誤ってしまう可能性があります。図4.3のように複数の移動平均線を見比べて、短期と長期のトレンドの転換点などを見るようにしましょう。

　注意しなければならないのは、移動平均は過去の結果であることです。傾向がわかるといっても、それはあくまでも過去の話で、今後どうなるかを保証してくれるものではありません。当然、トレンドの転換に気付くのも、移動平均だけを見ていると遅れてしまいます。転換した時期を後で把握するためには使えますが、それから行動を起こしていたのでは間に合いません。このような特徴から**遅行指標**と呼ばれ、平均の算出期間が長いほど、急激な変動についていけなくなります。

▶ 最近のデータを重視する

　移動平均は過去のデータを使用したものであり、古いデータは役に立たないと感じることも多いでしょう。最近のデータは参考にしたいところですが、時間が経過するほど価値がなくなるかもしれません。

　そこで、直近のデータを重視することを考えます。最近のデータをメインに使う一方で、過去のデータも少し加味する、という考え方を**加重移動平均**といいます。たとえば、3日間の移動平均を作成するときに、前日のデータは3倍、前々日のデータは2倍、その前は1倍、と計算し、全体を6（＝ 3 ＋ 2 ＋ 1）で割ります。

図4.2の気温データで作成した7日間での移動平均に対して、7日間での加重移動平均を計算してみます。セルF1からセルF7に、加重平均で掛け算する値（重み）をセットしましょう。この範囲に名前を定義しておきます。セルF1からセルF7を選択し、「数式」タブで「選択範囲から作成」で「重み」という名前を付けます。

これを使い、セルD8には「=SUMPRODUCT(B2:B8,重み)/SUM(重み)」と入力します。これは「(B2*F2+B3*F3+…+B8*E8)/SUM(F2+F3+…+F8)」と同じことを意味します。このように、SUMPRODUCT関数を使うと、指定した2つのセルの値を掛け算して合計できます。

この式を、セルD9からセルD23にもコピーします。A列からD列でグラフを作成すると、図4.4のようになり、移動平均より大きく変化に追随していることがわかります。このようにトレンドの変化に早く気付ける可能性が高まります。

▼図4.4　加重移動平均と移動平均の比較

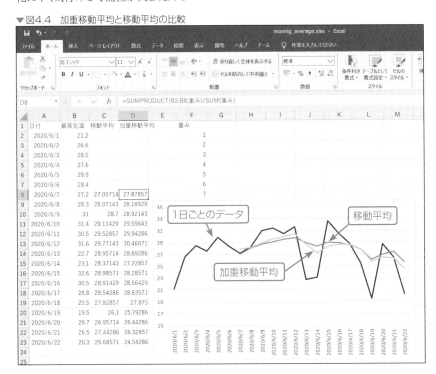

▌▌▌複数の分布をまとめて表示する～箱ひげ図

ヒストグラムでは1つの軸でしか分布を表現できませんでした。ここでは複数の分布をまとめて1つのグラフで表現する方法を紹介します。

▶分布の変化をシンプルに伝える

株価や為替では移動平均と合わせて**ローソク足**というグラフを使います。これに似たグラフに**箱ひげ図**があります。箱ひげ図はデータの分布を表す図で、最大値と最小値に加えて、第1四分位数、中央値、第3四分位数を使います。

中央値はデータを小さい方から並べたときの真ん中でしたが、第1四分位数は中央値より小さい値の真ん中です。同様に、第3四分位数は中央値より大きい値の真ん中です。

たとえば、表4.1のように小さい方から順に並べたデータを考えます。このとき、中央値は37、第1四分位数は22(12から31の中央値)、第3四分位数は54(42から70の中央値)です。

▼表4.1　四分位数を考える

12	19	22	25	31	37	42	49	54	66	70

Excelで箱ひげ図を作成するには、「挿入」→「すべてのグラフ」→「箱ひげ図」を選択します。この場合、図4.5のように生成されます。

▼図4.5　箱ひげ図の表現

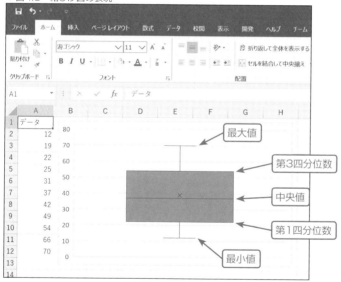

箱ひげ図は、上下の線で最小値と最大値を、箱で第1四分位数、中央値、第3四分位数を表現しています。これは分布をシンプルに表現しているといえそうです。

分布を表現する、というとヒストグラムを思い浮かべますが、ヒストグラムでは1つの軸でしか分布を表現できません。しかし、箱ひげ図では図4.6のように複数並べて表現できるので、1つのグラフで多くの分布を比較でき、時系列の中での変化を知るために使えます。

▼図4.6 複数の軸でデータを比較する

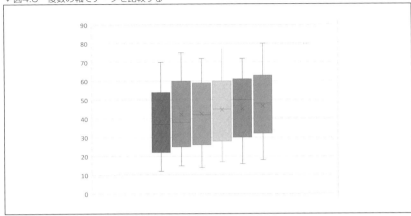

　株価などに使われるローソク足では、始値（開始時の値段）と高値（もっとも高い値段）、安値（もっとも安い値段）、終値（最後の値段）の4つを使います。一般的に、始値よりも終値の方が高い場合は白い箱（または赤い箱）で、始値よりも終値の方が安い場合は黒い箱（または青い箱）で描きます（図4.7）。これを見ても、単純な折れ線グラフよりも多くの情報を簡単に把握できることがわかるでしょう。

▼図4.7 ローソク足

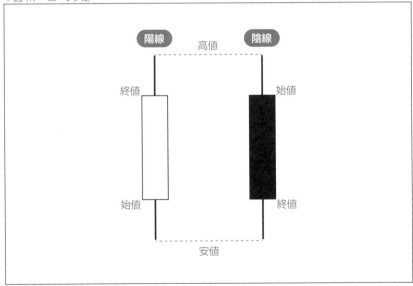

予測の精度を判断する

さまざまな方法で予測したとしても、それがどのくらいの精度を持っているのか、確認しないと判断できません。そこで、数学的に精度を判断する方法を考えてみましょう。

||| 確からしさを調べる〜確率と期待値

精度を判断するときによく使われる方法に確率があります。苦手な人が多い確率について、基本から解説します。

▶ 乱数

サイコロを振ったときにどんな目が出ることが多いのか、コインを投げたときに表と裏のどちらが多く出るのか、などを考えるときに使われるのが**確率**です。たとえば、サイコロを振ったときにどんな目が出るのかExcelで調べてみます。

物理的なサイコロを振るのは面倒なので、擬似的にランダムな値を発生させることにします。このようなランダムな値を**乱数（擬似乱数）**といいます。

Excelで乱数を発生させるには、RANDという関数を使います。セルA1に「=INT(RAND()*6)+1」と入力してみましょう。

RAND()というのは0以上1未満の乱数を発生させる関数です。これを6倍すると0以上6未満の小数の乱数ができあがります。

INTは小数点以下を切り捨てる関数で、指定された小数から整数部分を求められます。つまり、「INT(RAND()*6)」で0、1、2、3、4、5の6つのいずれかが得られるため、これに1を加算して1から6の値を生成しています。

このセルA1の式を縦横にセルJ10までコピーすると、100個のセルにランダムな値が入ります（図4.8）。

これはサイコロを100回振ったときと同じ状況だといえます。

▼図4.8　乱数でサイコロを擬似的に振る

A1		▼	:	×	✓	f_x	=INT(RAND()*6)+1				
	A	B	C	D	E	F	G	H	I	J	K
1	6	5	4	4	2	6	4	5	4	5	
2	3	5	3	6	4	5	2	4	1	6	
3	1	3	6	2	1	2	6	5	4	1	
4	2	1	4	4	3	1	3	3	6	5	
5	3	5	2	1	2	1	6	3	2	1	
6	1	5	4	4	5	3	1	5	3	3	
7	4	6	3	5	4	6	2	6	1	6	
8	5	6	5	1	5	4	6	2	6	6	
9	3	1	3	6	2	6	3	3	5	6	
10	1	3	3	3	5	1	6	4	1	4	
11											

それぞれの目がどれくらいの割合で登場しているのか調べてみましょう。

たとえば、「=COUNTIF($A$1:$J$10,1)」と入力します。「COUNTIF」は、1つ目の引数で指定した範囲内に、2つ目の引数で指定した値がいくつあるか数える関数です。ここではセルA1からセルJ10の中から、『1』という値がいくつあるか求めています。これを「2」から「6」についても同じように求めると、それぞれの目がどれだけ出ているか集計できます（表4.2）。

▼表4.2　100回サイコロを振ったときに出た目の数を集計

出た目	1	2	3	4	5	6
回数	17	10	19	16	18	20

それぞれの目が均等には出ていませんが、実際のサイコロでも同じようになるでしょう。1000マス（1000回）など量を増やすと、それぞれの目が出る回数が徐々に均等に近づきます。

▶ 統計的確率と数学的確率

回数ではなく、全体に占める割合を計算してみましょう（表4.3）。「1」が出た割合、「2」が出た割合、というように、何度も試してみて出た目の割合を統計的に考えることから、このような方法を**統計的確率**といいます。

▼表4.3　100回サイコロを振ったときに出た目の割合

出た目	1	2	3	4	5	6	合計
割合	0.17	0.10	0.19	0.16	0.18	0.20	1

この表を見ると、割合は0から1の間の値になり、その値を合計すると1になることもわかります。毎回このような統計的な手法を使うのは面倒なので、一般的には数学的に計算します。これを**数学的確率**といい、一般的に「確率」といった場合にはこの数学的確率を意味します。

たとえば、サイコロを振った場合、どの目も同じくらい登場するため、その確率は$\frac{1}{6}$と計算できます。この「出た目」のように、起こりうるものに割り当てた値のことを**確率変数**といいます。これを整理したものが、表4.4です。

▼表4.4　サイコロを振ったときの確率

確率変数	1	2	3	4	5	6	合計
確率	$\frac{1}{6}$	$\frac{1}{6}$	$\frac{1}{6}$	$\frac{1}{6}$	$\frac{1}{6}$	$\frac{1}{6}$	1

▶ 期待値

確率がわかったところで、平均してどのような値が出るのか計算してみましょう。このような値を**期待値**といい、確率変数をXとすると、期待値を$E(X)$と書きます。期待値は「確率変数と確率を掛けた値の和」で求められます。

たとえば、サイコロの場合は、次のように計算できます。

$$1 \times \frac{1}{6} + 2 \times \frac{1}{6} + 3 \times \frac{1}{6} + 4 \times \frac{1}{6} + 5 \times \frac{1}{6} + 6 \times \frac{1}{6} = \frac{21}{6} = 3.5$$

つまり、サイコロを振ったときに出る目の値として「3.5が期待できる」ということです。ただし、実際に「3.5」という値がサイコロの目として出るわけではありません。あくまでも平均として、このような値になることを意味しています。

　期待値は、ビジネスなどあらゆる場面で活用できます。たとえば、過去のデータを見ると晴れのときの売上が100万円、曇りのときの売上が80万円、雨のときの売上が30万円だったとします。このとき、平均的にどれくらいの売上が期待できるのかを考えましょう。

　晴れの確率が20%、曇りの確率が50%、雨の確率が30%だったとすると、売上の期待値は、$100 \times 0.2 + 80 \times 0.5 + 30 \times 0.3 = 69$なので69万円と計算できます（表4.5）。

▼表4.5　天気と売上

天気	晴れ	曇り	雨
売上	100万円	80万円	30万円
確率	20%	50%	30%

▶分散

　期待値が平均を表している、ということはCHAPTER 02で解説した分散も考えられます。CHAPTER 02では、平均との差を2乗した値を求め、その平均を分散と呼びました。

　確率の場合は、上記の期待値と同様に、確率を掛け算します。表4.6のような確率変数と確率の表が与えられたとします。

▼表4.6　確率の分布

確率変数X	x_1	x_2	x_3	$\cdots$	x_{n-1}	x_n	合計
確率$P(X)$	p_1	p_2	p_3	$\cdots$	p_{n-1}	p_n	1

　期待値を$E(X)$とすると、次の式で求められます。

$$E(X) = \sum_{k=1}^{n} x_k p_k$$

　そして、分散を$V(X)$とすると、次の式で求められます。

$$V(X) = \sum_{k=1}^{n} (x_k - E(X))^2 p_k$$

　上記のサイコロの場合、その分散は次のように計算できます。

$$
\begin{aligned}
V(X) &= \frac{(1-3.5)^2}{6} + \frac{(2-3.5)^2}{6} + \frac{(3-3.5)^2}{6} + \frac{(4-3.5)^2}{6} + \frac{(5-3.5)^2}{6} + \frac{(6-3.5)^2}{6} \\
&= \frac{1}{6}(6.25 + 2.25 + 0.25 + 0.25 + 2.25 + 6.25) \\
&= \frac{35}{12} \\
&= 2.916\cdots
\end{aligned}
$$

▶ 確率密度関数

サイコロの目のように、出る目が1から6の整数である場合は上記のような方法でも十分ですが、実際には確率変数が飛び飛びの値ではなく連続の場合もあります。たとえば、生徒の中から1人を抜き出して身長を調べると、その身長の値は小数になることもあります。このような場合は、範囲を指定して、その範囲内の値が出る確率を考えます。

つまり、$a \leqq X \leqq b$という範囲を指定すれば、その範囲に入る確率を求められます。このとき、その確率の分布を関数で表現する方法が使われ、これを**確率密度関数**といいます。

身長を調べる場合は、CHAPTER 02で紹介した正規分布のようになると考えられます。CHAPTER 03の最後に紹介した正規分布の式とグラフは確率密度関数だといえます。

▋ 少ないデータから確率的に予測する〜推測統計学

サイコロを振るような例であれば、何度も試しにやってみればその結果をすべて測定できます。しかし、世の中にはすべてを測定できない場合もあります。このような場合に使う方法を紹介します。

▶ 母集団と標本

すべてを測定できない場合として、乾電池や蛍光灯などがどれくらいの時間使えるか測定する、などの例が考えられます。すべての乾電池や蛍光灯のような消耗品を残量がなくなるまで試してしまうと使えるものがなくなってしまいます。また、選挙の出口調査やアンケート調査を実施する場合など、すべての人を対象に調査すれば確実ですが、時間も費用もかかってしまいます。

そこで、全体から一部だけを取り出し、その一部で測定したものから全体を推測する方法が用いられます。

この全体のことを**母集団**といい、一部のことを**標本**といいます。また、母集団の一部（標本）を使って、母集団の情報（平均や分散）を推測することを**推測統計学**といいます（図4.9）。

▼図4.9　推測統計学

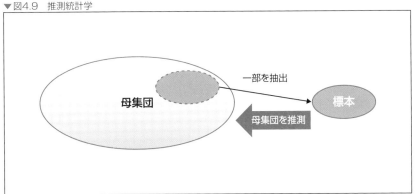

ここで、母集団の平均を**母平均**、分散を**母分散**といい、標本の平均を**標本平均**、分散を**標本分散**といいます。44ページで紹介したExcelの関数「VAR.P」と「VAR.S」の違いはここにあります。

44ページで使った**VAR.P**は母分散の場合で、与えられたデータがすべてで、そのデータから何かを整理する、というときに使われます。「データを要約する」「得られたデータをまとめる」という用途のときにはこちらを使います。

一方、**VAR.S**は標本から母集団を推測するときに使われます。「得られたデータをもとに、もっと多くのデータではどういうことが考えられるか」を推測するときに使われるもので、これを**不偏分散**といいます。なお、不偏分散の平方根を**不偏標準偏差**といいます。

▶ 点推定

CHAPTER 02の最初では平均や分散などを求めました。標本平均のような代表値はデータを1つの点で表したものだといえます。このような標本平均から母平均を推定する場面を考えると、母平均を1つの点だけで決めようとしている状況です。

たとえば、100個のデータがある母集団からランダムに10個の標本を取り出すことを考えます。これを3回繰り返して、別々の標本を取り出したとき、それぞれの標本平均は異なります。多くの場合、これらは母平均とも異なるでしょう。

しかし、ある学校で中学2年生の平均身長を求めると、全国の中学2年生の平均身長と近い値が得られるでしょう。数人のデータだけでは誤差が大きくても、ある程度の人数を集めると、人数が増えるほどその精度が高まっていくと予想できます。つまり、データが少ない場合は誤差が大きくても、ある程度の量になると精度が高まっていくのです。

このように、「標本数を十分大きくしていくと、母平均と標本平均は一致する」と考え、求めた標本平均によって母平均も同じだと見なす、という考え方を**点推定**といいます。

▶ 母平均の区間推定

点推定はわかりやすい方法ですが、確実に母平均を推定できるかというと難しいものです。そこで、「一定の範囲内に母平均がある」というように、ある区間で推定することを**区間推定**といいます。

よく使われるのは「95%の確率でその範囲内に収まる」ような範囲を求める方法です。もっと正確には、標本を取り出して平均を求める作業を100回実施したとき、95回は指定した区間に収まる、という範囲を求めます。これを「95%信頼区間」といいます。

ここで、図4.10のような分布を考えます。これは正規分布のうち、平均が0、分散が1の場合の分布で、特に**標準正規分布**といいます。全体の95%を平均の近くで占めることを考えると、両側から2.5%ずつ取り除いた領域が考えられます。

▼図4.10 標準正規分布の両側5%点

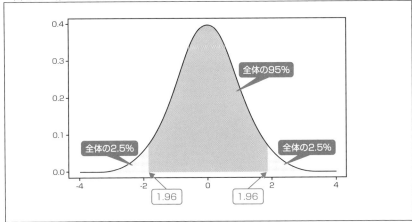

この点のことを両側5%点（片側2.5%点）といい、このような点のことを**パーセント点**といいます。有名なパーセント点として、表4.7のように標準正規分布における値が計算されています。

▼表4.7 標準正規分布のパーセント点

両側	片側	パーセント点
1%点	0.5%点	2.58
5%点	2.5%点	1.96
10%点	5%点	1.64

Excelでは、さまざまな分布に対応する関数が用意されています。たとえば、標準正規分布の場合、NORM.S.DISTという関数があります。標準正規分布で1.64という点までが占める割合を求めるには、「=NORM.S.DIST(1.64, TRUE)」と入力します（このTRUEは指定した点までの累積を返し、FALSEを指定すると、この点だけでの値を返します）。すると、図4.11のように約95%であることがわかります。

▼図4.11 NORM.S.DIST関数

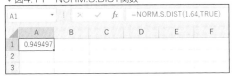

また、正規分布のパーセント点を求めるには、NORM.S.INV関数が使えます。標準正規分布の片側5%点を求める場合は、「=NORM.S.INV(0.95)」と入力すると、図4.12のように1.64を求められます。

▼図4.12 NORM.S.INV関数

　一般に、使う標本の数nが十分に大きい場合、母集団からn個の標本を繰り返し取り出すと、その標本平均と母平均との誤差は、母集団の分布にかかわらず近似的に正規分布に近づくことが知られています。これを**中心極限定理**といいます。

　もう少し詳しく書くと、母平均をμ、母分散をσ^2、標本平均をmとしたとき、この母集団からn個の標本を抽出すると標本平均と母平均の差が「平均0、分散σ^2/n」の正規分布に近づく、ということです。

　そこで、次の式で標準化します。

$$z = \frac{m - \mu}{\sqrt{\dfrac{\sigma^2}{n}}}$$

　標準化した値が全体の95%を占めるように考えると、

$$-1.96 \leqq \frac{m - \mu}{\sqrt{\dfrac{\sigma^2}{n}}} \leqq 1.96$$

という範囲が考えられます。この式を変形すると、

$$m - 1.96 \times \sqrt{\frac{\sigma^2}{n}} \leqq \mu \leqq m + 1.96 \times \sqrt{\frac{\sigma^2}{n}}$$

となり、母平均をこの区間で推定できます。

　この式を見ると標本数nが大きくなると、その範囲が狭くなっていくことがわかります。つまり、多くの標本を取り出せば、それだけ推定の精度が高まっていくことを意味します。

　Excelで母平均を推定するには、データ分析ツールの「基本統計量」を使うと簡単です。たとえば、CHAPTER 02の冒頭で使った表2.1の母平均を推定してみましょう。入力範囲に年齢の列を指定し、出力オプションで「平均の信頼度の出力」をONにし、95%を指定します（図4.13）。

▼図4.13　標準正規分布の両側5%点

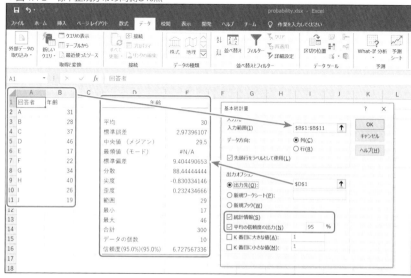

この結果を見ると、信頼度の部分に6.727という値が求められています。これを平均から引いた値と平均に足した値の範囲内、つまり今回の場合は23.3から36.7くらいの範囲に母平均があることが推定できます。

母平均の推定では95%信頼区間を使うことが一般的ですが、「99%信頼区間」のように両側1%点を使うと信頼区間の幅は広がりますし、「90%信頼区間」のように設定すると信頼区間の幅は狭まります。

▶ 最適な生産量を求める

母平均の区間推定を使って、過去の販売データから未来の生産量を決めることを考えてみましょう。たとえば、直近1カ月間の販売データが表4.8のように与えられたとします。

▼表4.8　販売データの例

595	477	647	397	573	508	533	421	325	524
554	625	592	629	450	599	714	506	343	508
480	367	423	561	308	535	365	534	467	440

このデータから、翌日の生産量を決めてみます。平均の量を生産すると、その数を超えた場合には欠品してしまい、おそらく$\frac{1}{2}$の確率で売上の機会を失ってしまいます。そこで、正規分布として考えて、90%の確率でその範囲内に収まるようなものを求めてみます（つまり、10日に1回程度は欠品が起きても仕方ないと考える）。

今回は標準正規分布ではないため、「NORM.DIST」と「NORM.INV」という関数を使います。これらは正規分布を求める関数で、ここでは90%点の値を調べるため、NORM.INV関数を使いましょう。この関数では、確率と平均、標準偏差を指定すると、その確率での値を返します。

上記のデータの平均と標準偏差を求め、NORM.INV関数に指定すると、図4.14のようになりました。つまり、平均は500個売れていますが、629個生産しておくと、10日のうち9日は欠品せずに販売できることを意味します。

▼図4.14　生産数の区間推定

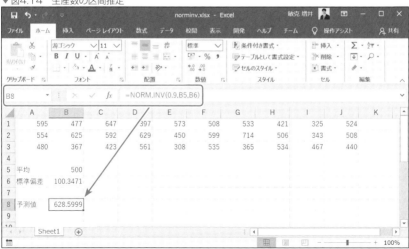

母平均以外の値を推定する〜自由度

標本平均から母平均を推定する方法を紹介しましたが、推定したいのは母平均だけではありません。ここでは、母平均以外の値を推定するために必要な知識について紹介します。

▶ 自由度

合計などが決められたときに自由に値を取れる数のことを**自由度**といいます。

たとえば、n個のデータを取り出し、平均を調べる場面を考えてみましょう。標本とは取り出したデータのことなので、これは標本平均を求めることを意味します。この場合は合計などの条件がなく、n個の数を自由に決められますので、自由度はnです。

44ページで分散を求めるときには、次の式で計算しました。

$$V = \frac{1}{n} \sum_{k=1}^{n} (x_k - \bar{x})^2$$

これは「平均との誤差（の2乗）」の平均を求めることでした。つまり、取り出したデータをすべて使って平均を求め、さらにその「平均との誤差」の平均を求めたのです。

ところが、標本から母集団がどのような分布か推測しようとしても、母平均はわかりません。わかりませんが、なんらかの値がすでに存在するわけです。

そこで、得られたn個のデータから母分散を推測する場面を考えてみましょう。分散は平均との差の2乗で計算しますので、平均の値は決められた状態です。平均が決まっている、ということは合計がわかっている状態だといえます。

合計がわかっていれば、$n - 1$個のデータを調べることで、残りの1個は自動的に決まります（図4.15）。

▼図4.15　自由度

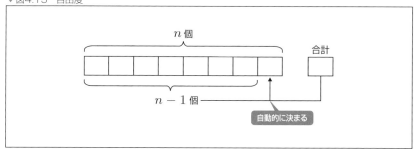

つまり、自由度は$n - 1$だといえます。このとき、不偏分散をs^2とすると、次の式で計算できることが知られています。

$$s^2 = \frac{1}{n-1} \sum_{k=1}^{n} (x_k - \bar{x})^2$$

このように不偏分散を求める場合は、nではなく$n - 1$で割ります。この自由度はνという記号で表現します。

▶ t分布

　上記では母分散が既知であるときに区間推定しましたが、母分散がわからない場合もあります。現実には母平均も母分散もわからない状態の方が多いでしょう。

　このような場合に、少ない標本数で平均を推定するために使われる分布としてt**分布**があります。t分布は標準正規分布と似た分布で、自由度によって分布の形が変わります。たとえば、自由度が1、5、10のt分布と標準正規分布を比べると、図4.16のようになります。

▼図4.16　自由度の異なるt分布のグラフ

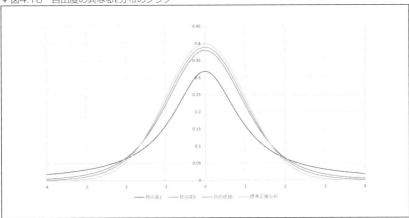

　これを見ると、自由度が大きくなると標準正規分布に近づくことがわかります。また、平均がμ、不偏分散がs^2の正規分布に従う母集団からn個の標本を抽出すると、自由度$n-1$のt分布に従うことが知られています。このため、母分散が未知の場合にはt分布で区間推定できます。

　Excelでt分布の値を調べるには、**T.DIST**という関数があります。同様に、t分布のパーセント点を求めるには、**T.INV**関数が使えます。これを標準正規分布の**NORM.S.DIST**や**NORM.S.INV**と同様に使えます。

▶ 母比率の区間推定

　アンケートの回答や生産量を求めるように標本平均から母平均を推定する場合は、上記の式が使えそうですが、ここでは先ほどのサイコロの場合を考えてみます。回数を増やせばそれぞれの目が出る回数が徐々に均等に近づくと考えましたが、これについても推定を使って確認してみましょう。

　たとえば、サイコロを100回振ったとき、1が出る回数を推定することを考えます。このとき、0回から100回の範囲だと推定すれば、100%の確率でその範囲内に収まります。しかし、これでは推定している意味がありません。

　サイコロの出る目のように、確率についても母集団と標本を考えます。母集団において起きる確率のことを**母比率**、標本において起きる確率のことを**標本比率**といいます。母平均の推定と同じように、母比率についても区間推定が可能です。

　母比率pの分布からn回調査するときの標本比率をxとすると、母比率と標本比率の差が「平均0、分散$\frac{p(1-p)}{n}$の正規分布」に従うことが知られています。そこで、次の式で標準化します。

$$z = \frac{p - x}{\sqrt{\frac{p(1-p)}{n}}}$$

　標準化した値が全体の95%を占めるように考えると、

$$-1.96 \leqq \frac{p - x}{\sqrt{\frac{p(1-p)}{n}}} \leqq 1.96$$

という範囲が考えられます。

　つまり、母比率pの95%信頼区間は次の式で求められます。

$$x - 1.96 \times \sqrt{\frac{p(1-p)}{n}} \leqq p \leqq x + 1.96 \times \sqrt{\frac{p(1-p)}{n}}$$

　しかし、すべての辺にpが入っているため、pの範囲が求められません。ただし、nが大きくなるとxはpとほぼ同じ値になることを考えると、平方根の中のpをxに置き換えて考えられます。つまり、次の式で求められます。

$$x - 1.96 \times \sqrt{\frac{x(1-x)}{n}} \leqq p \leqq x + 1.96 \times \sqrt{\frac{x(1-x)}{n}}$$

　たとえば、サイコロで1が出る確率が$\frac{1}{6}$ならば、標本比率は$\frac{1}{6}$です。100回繰り返し振ったときにどれくらいの回数出るのか求めてみます。

$$1.96 \times \sqrt{\frac{\frac{1}{6} \times \frac{5}{6}}{100}} = 1.96 \times 0.037 = 0.073$$

　なので、母比率は$\frac{1}{6} - 0.073 \leqq p \leqq \frac{1}{6} + 0.073$、つまり$0.094 \leqq p \leqq 0.239$と計算できます。これは100回繰り返すと10回から23回の間に95%くらいの確率で入ることを意味します。実際、図4.7で出た回数を集計した表4.2では、この範囲内に収まっています。

　同様に1000回繰り返した場合を計算すると$0.144 \leqq p \leqq 0.189$となり、範囲が狭くなっていることがわかります。

▶ アンケート調査などに必要な数は?

この母比率の区間推定を使うと、アンケートなどでどのくらいの人に質問すると、有効な結果が得られるのかを計算できます。母比率pの分布からn回調査するときの標本比率をxとすると、母比率と標本比率の差が「平均0、分散$\frac{p(1-p)}{n}$の正規分布に従う」という文章がありました。

アンケートの場合、回答率[1]をpとします。n人について調査したときの回答率をxとすると、母比率pと標本比率xの差が「平均0、分散$\frac{p(1-p)}{n}$の正規分布に従う」と言い換えられます。つまり、母比率の検定と同じ式が使えて、

$$-1.96 \leqq \frac{p-x}{\sqrt{\frac{p(1-p)}{n}}} \leqq 1.96$$

と計算できます。今回はこの式からnの範囲を求めることになります。

ここで、母比率と標本比率の差をどのくらいまで許すのかを考え、これを**許容誤差**といいます。上記の式より、許容誤差をdとすると、

$$d = 1.96 \times \sqrt{\frac{p(1-p)}{n}}$$

と考えられます。両辺を2乗して変形すると、

$$n = 1.96^2 \times \frac{p(1-p)}{d^2}$$

となります。

ここで、許容誤差を5%(0.05)とし、回答率が50%(0.5)としてみましょう(回答率を50%にすると調査対象者数が最大になるため、事前に参考となる回答率が予測できない場合は50%を使います)。この式より$n = 384.16$という値が計算でき、385人に対してアンケートすると、有効な答えが得られることになります。

ただし、これはあくまでも母集団が十分に大きい場合です。母集団が100人しかいない場合は、385人にアンケートすることはできません。そこで、母集団の人数をNとしたとき、次のような修正式が用いられます。

$$n' = \frac{nN}{N+n-1}$$

たとえば、$N = 100$のときは、$n' = \frac{384.16 \times 100}{100+384.16-1} = 79.5$なので80人、$N = 1000$のときは、$n' = \frac{384.16 \times 1000}{1000+384.16-1} = 277.74$なので278人、と計算でき、$N$が大きくなれば385人に近づいていきます。

確率と対数を使って回帰分析する～ロジスティック回帰分析

対数の応用編として、ビジネスでもよく使われるロジスティック回帰分析について紹介します。

▶ 0から1に変換する

回帰分析と確率、対数が合わさった考え方として、**ロジスティック回帰分析**があります。回帰分析では数値データを予測していましたが、ロジスティック回帰分析では2つの値のどちらかに入るかの確率を予測するために使われます。

たとえば、体重、腹囲、体脂肪率をもとに病気になるかならないかという確率を予測する、といった使われ方が考えられます。ビジネスの場面では、来店者の年齢や来店頻度などからその客が購入するかどうか、購入確率を計算します。また、天気予報の場合では、「晴れ」「雨」といった分類ではなく、降水確率を予測できると便利です。このように、予測する範囲を0から1の範囲に変換することで、「ある事象の発生率」を判別するのです。

ロジスティック回帰分析を回帰分析と同じように$y = ax + b$のような1次関数で表現することを考えましょう。結果は0から1の範囲になってほしいのですが、1次関数ではこの範囲を超えてしまうことが考えられます。

そこで、1次関数で求められた値に何らかの細工をして、0から1の範囲に変換する方法が考えられます。たとえば、$y = \frac{1}{1+e^{-x}}$という式があります。これは、図4.17のようなグラフになる関数で、**シグモイド関数**とも呼ばれています。

▼図4.17　シグモイド関数のグラフ

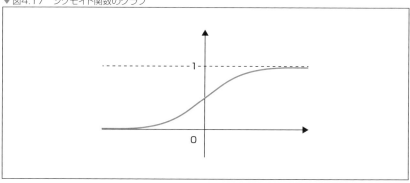

これを使うと、任意のx座標を与えたときに、0から1の範囲にある値を返してくれます。つまり、1次関数で求めた値をシグモイド関数に渡すことで、確率を計算できるのです。

問題は、この1次関数におけるaとbをどのように決めるのか、ということです。これまで紹介した回帰分析では、それぞれの実測値の点から、回帰式で表される直線までの距離を最小にする最小二乗法を使いました。ロジスティック回帰分析では確率で考え、正しく分類される確率が最も高くなるようにaとbを決める必要があるのです。

▶ 尤度関数と最尤推定法

確率を推定する方法について考えるとき、簡単のため「画鋲を投げたときに針が上を向く確率」について考えてみましょう。ただし、針が上を向く確率はわからないものとすると、表4.9のように整理できます。

▼ 表4.9 画鋲の向きの確率分布

画鋲	針が上	針が下
確率	p	$1-p$

試しに5回投げてみたところ、「上」「下」「上」「上」「下」となりました。針が上を向く確率がpのとき、このような向き方をする確率は、$p \times (1-p) \times p \times p \times (1-p) = p^3 \times (1-p)^2$で計算できます。

もう一度5回投げてみたところ、「下」「上」「下」「上」「下」となったとします。このときも同じように、$p^2 \times (1-p)^3$と計算できます。

この2つから、針が上を向く確率pを予測してみましょう。1つ目の$p^3 \times (1-p)^2$のグラフを描いてみると図4.18が、2つ目の$p^2 \times (1-p)^3$のグラフを描いてみると図4.19が得られました。

▼ 図4.18 $y = x^3 \times (1-x)^2$のグラフ

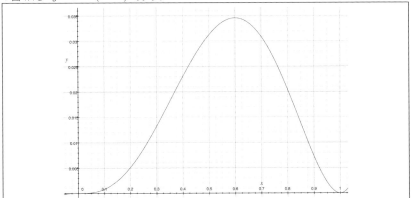

▼ 図4.19 $y = x^2 \times (1-x)^3$のグラフ

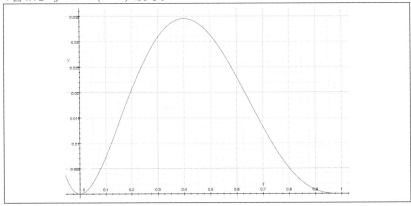

図4.18ではpが0.6で、図4.19ではpが0.4で最大になっています。このような関数を**尤度**関数といいます。これは、実際にやってみた結果（観測結果）からみて、本来の値が「尤もらしい」と考えることです。

つまり、単純に「5回投げて3回上を向いたから確率は0.6だ」とするのではなく、「やってみたところ、0.6くらいが尤もらしい」とする考え方です。このとき、それぞれの最大を求めるのではなく、どちらも満たすようなものを求めたいものです。

そこで、これらを掛け算した$(p^3 \times (1-p)^2) \times (p^2 \times (1-p)^3)$を最大化すると良さそうです。もちろん、この式の値は非常に小さな数になりますが、大事なのは最大値を求めるのではなく、最大となるpを求めることです。

「病気かどうか」「購入するかどうか」「雨が降るかどうか」という2つに分類する場合を考えると、一方に属する確率をpとすると、もう一方に属する確率は$1-p$で計算します。そこで、正解の分類tが与えられたとき、$P = p^t(1-p)^{1-t}$という式で尤度関数を表現します。これにより、正解の分類がどちらでも1つの式で表現できます。

確率pは0から1の範囲の値であるため、掛け算をするたびに値がどんどん小さくなります。あまりにも小さな値をコンピュータで処理するとアンダーフロー[2]が発生し、精度の問題を考えなければなりません。

そこで、両辺の対数をとることで、掛け算を足し算に変形します。つまり、$\log P = t \log p + (1-t) \log(1-p)$と計算できます。

これをすべてのデータについて計算した和を最大化してそのパラメータを求めることができます。これを**最尤推定法**といい、ロジスティック回帰分析にもこの方法を使えそうです。

▶ Excelでロジスティック回帰分析

Excelの分析ツールには回帰分析の機能はありますが、ロジスティック回帰分析はありません。そこで、上記の計算方法を使ってロジスティック回帰分析をしてみましょう。

ここでは、体重、腹囲、体脂肪率というデータをもとに病気になるかならないか、その確率を予測することを考えます。

図4.20のようなデータがあったとします。これに対して、（病気になる確率）＝ $a \times$（体重）＋$b \times$（腹囲）＋$c \times$（体脂肪率）＋dという式で予測します（実際には、上記で紹介したシグモイド関数に当てはめて確率を計算します）。

[2]：コンピュータが小数を扱う浮動小数点数で表現できないほど小さな値になること。

▼図4.20　ロジスティック回帰分析のサンプルデータ

A1　　fx　係数

	A	B	C	D	E	F
1	係数	0	0	0	0	
2	病気有無	体重	腹囲	体脂肪率		
3	1	80	85	25	1	
4	1	75	80	22	1	
5	1	90	92	27	1	
6	1	76	80	23	1	
7	1	81	83	24	1	
8	1	82	84	25	1	
9	1	72	87	23	1	
10	0	78	81	22	1	
11	0	75	78	23	1	
12	0	77	79	24	1	
13	0	80	77	21	1	
14	0	85	90	24	1	
15	0	83	89	27	1	
16	0	82	83	22	1	
17						

ここで、1行目に用意しているのはa, b, c, dを求める場所で、Excelのソルバーを使って値を変えながら探索します。3行目以降が実際のデータで、A列の病気有無が1のとき病気があること、0のとき病気がないことを表しています。

F列に推定値を入れてみましょう。B1からE1の値と掛けた値の和を求めるので、セルF3に「`=1/(1+EXP(-SUMPRODUCT($B$1:$E$1,B3:E3)))`」という式を入力します。これを下方向にコピーすると、病気になる確率の推定値を計算できます。

次に、G列で対数尤度を計算します。セルG3に「`=A3*LN(F3)+(1-A3)*LN(1-F3)`」と入力し、下方向にコピーします。この「`LN`」という関数が自然対数を用いた$\ln x$、つまり$\log_e x$を意味します。

さらに、セルG1に「`=SUM(G3:G16)`」と入力して対数尤度の合計を計算します。これを最大にするようなa, b, c, dをセルB1からセルE1の値を変えながら求めるわけです。

セルG1を選択し、データタブの「ソルバー」をクリックします。目的セルとしてG1が設定されていることを確認し、変数セルとして「`B1:E1`」を指定します。目標値を最大値、「制約のない変数を非負数にする」にチェックを外して、「解決」ボタンを押すと、目標の値が計算できます（図4.21、図4.22）。

▼図4.21 ソルバーによる探索

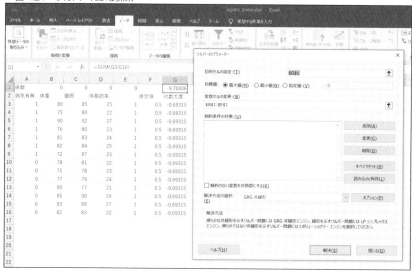

▼図4.22 ソルバーによる実行結果の例

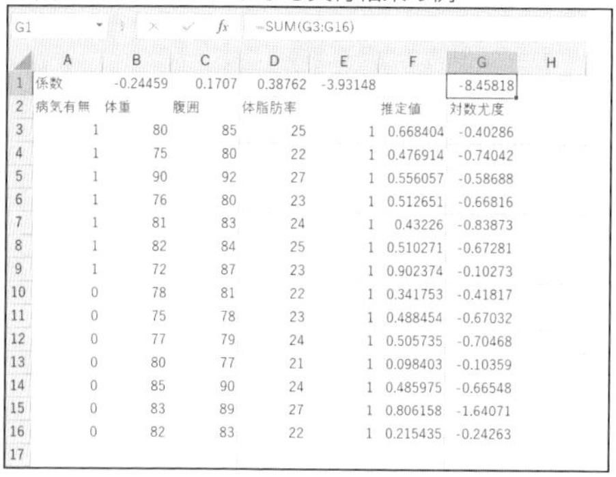

結果が正しいか確認する～検定

予測を立てても、それが本当に正しいかどうかわかりません。そこで、実際に試してみて、検証する作業が必要になります。このとき、どうやって検証すれば正しいことを確認できるでしょうか?

▶検定の考え方

サイコロをExcelで振ったときの表4.3を見て、乱数でこのようにばらつきが発生するだろうか、と考える人は多いでしょう。これは、Excelの乱数で作った値が「どの目も同等に出る」という仮定そのものを疑うことだといえます。実際のサイコロであれば「イカサマがあるのではないか」と疑うことを意味し、これを数学的に確認する作業が**検定**です。

今回の場合、仮説は大きく2つあります。主張したいことは「このサイコロはインチキされている」ということで、これを**対立仮説**といいます。一方、「このサイコロはどの目も同等に出る」ということを**帰無仮説**といいます。このように、「普通に考えてインチキなどありえない」（当たり前のこと）と考える仮説を帰無仮説といい、主張したい（検証したい）仮説を対立仮説といいます。

このどちらの仮説が正しいか判断するときに、**棄却域**と**有意水準**という言葉を使います。棄却域は、帰無仮説を棄却する（＝仮説を捨て、対立仮説が正しいと判断する）ときの領域で、その基準が有意水準です。たとえば、有意水準5%で両側検定を行う場合、標準正規分布であれば1.96という点の外側を棄却域にします（図4.23）。

▼図4.23　標準正規分布の両側5%点

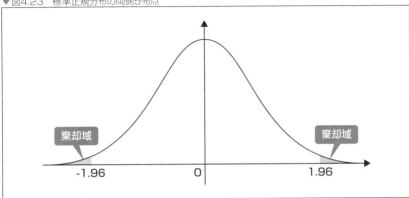

帰無仮説が正しいという前提で、計算された統計量よりも極端な統計量が観測される確率をp値といいます。p値がこの**棄却域**に入れば**有意水準**αで帰無仮説を棄却して対立仮説を採択しますが、棄却域に入らなければ帰無仮説は棄却しません（このとき、帰無仮説を棄却しないだけで、対立仮説が正しいとはいえません）。実際に事例を見ながら確認してみましょう。

▶ t検定で平均の差を検定する

ある講義において、勉強前と勉強後にテストを実施したとします。この2つのテスト結果に差があるか（講義の効果があるか）を調べてみます。

たとえば、講義前後のテストの点数が表4.10のようになったとします。この表をもとに、平均点に差があるか調べることにします。帰無仮説は「平均点が等しい」、対立仮説は「平均点に差がある」といえます。

▼表4.10　講義前後のテストの点数比較

生徒	A	B	C	D	E	F	G	H
講義前	80	75	63	88	91	58	67	72
講義後	82	86	61	90	95	62	71	80

このような平均の差を検定するには、***t*検定**を使います。Excelでt検定を行うには、「T.TEST」という関数を使うだけです。

たとえば、図4.24のようにB列とC列に講義前後の点数を入れたとします。ここで、セルD3に「=T.TEST(B2:B9,C2:C9,2,1)」と入力します。

▼図4.24　Excelでの t 検定

　この1つ目と2つ目の引数はデータの範囲を、3つ目の引数は片側確率(1)か両側確率(2)かを表しています。今回は両側確率なので「2」を指定しています。

　最後の引数は、どのような検定をするか、検定の種類を表4.11の中から指定します。今回は「対になっているデータ」なので「1」を指定しています。

▼表4.11　ExcelのT.TEST関数の引数

検定の種類	内容
1	対になっているデータの t 検定
2	2つの母集団の分散が等しい場合の t 検定
3	2つの母集団の分散が等しくない場合の t 検定(ウェルチの検定)

　なお、データ分析ツールを使っても同じようなことができます。データ分析ツールには「t 検定: 一対の標本による平均の検定」という項目があります(図4.25)。これを実行すると、図4.26のような結果が得られます。

▼図4.25　データ分析ツールでの t 検定

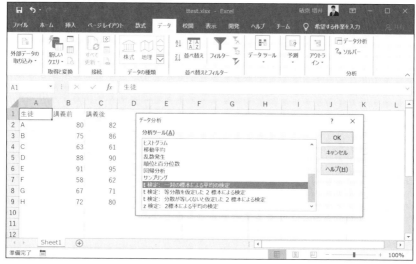

▼図4.26　*t*検定の結果

今回の場合、*p*値が2%程度なので棄却域に入っており、平均値に有意差があるといえます。つまり、講義を聞いた結果、成績がよくなっていると考えられます。

▶ *F*検定で母分散に差があるか検定する

ECショップなどを作成するとき、複数のデザインを試して、どちらの方が売上が多いか、などを確認する方法に**A/Bテスト**（図4.27）があります。AとBという2つの案があることから名付けられた名前で、利用者のアクセスを自動的にバランスよく振り分け、その購入率などを調べます。

▼図4.27　A/Bテスト

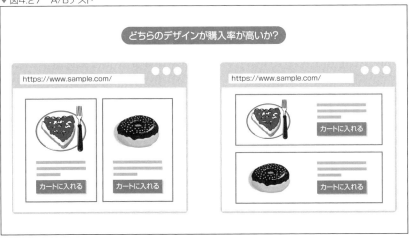

　利用者は複数のデザインがあることに気付きませんが、サービスを提供している管理者側はそれぞれの結果を見て判断できます。ここでは、売上額の分散を比較し、デザインによる購入額の幅に差があるか検定することを考えます。

▼表4.12　デザイン別の売上高の比較

| デザインA | 1400 | 1800 | 1100 | 2500 | 1300 | 2200 | 1900 | 1600 |
| デザインB | 1500 | 1800 | 2200 | 1200 | 2000 | 1700 | | |

　このように複数のパターンを比較し、その分散に差があるか調べる場合にはF検定を使います。F検定での帰無仮説は「母分散が等しい」、対立仮説は「母分散に差がある」といえます。

　ExcelでF検定を行うには、「F.TEST」という関数を使います。たとえば、表4.11のようなデータがB列とC列に入っているとき、セルD2に「=F.TEST(A2:A9,B2:B7)」と入力します（図4.28）。これが5%より大きいと帰無仮説は棄却されず、差があるとはいえないということになります。

▼図4.28　F検定

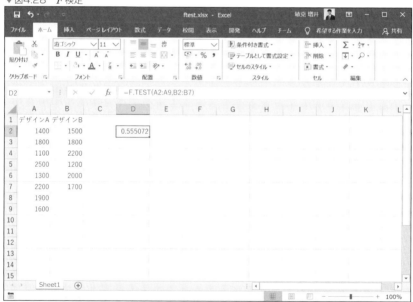

　今回の場合は、図4.28のようにp値が5%を超えているため、有意水準5%で帰無仮説が棄却されません。

▶カイ二乗検定で独立性の検定

　Excelの便利な機能として**クロス集計**があります。**ピボットテーブル**という機能を使うと、2次元での集計ができます。

　たとえば、図4.29のようなデータがあったとします。これは、あるサイトに対してメールから訪問した人と、広告から訪問した人が、それぞれ商品を購入したかどうかを表したものです。

▼図4.29　クロス集計

　この左側の表に対して、ピボットテーブルでクロス集計したものが中央の表です。このようにデータをクロス集計し、関係の有無を調べてみます。このデータを見て、メールを送る方がよいのか、広告を出すのがよいのか、調べようというものです。

　ここで、もしリンク元に関係なく購入されるのであれば、購入される割合は同じになるはずです。これを**期待度数**といいます。期待度数と大きく異なる値になっていれば、リンク元との間になんらかの関係がありそうだと判断できます。

　そこで、まずはリンク元に関係なく、購入した割合を調べてみましょう。今回の場合、全体で20人のうち、11人が購入しています。つまり、$\frac{11}{20}$の確率で購入していることになります。

　もしリンク元に関係なく購入されるのであれば、メールから購入する人は$12 \times \frac{11}{20} = 6.6$人になると計算できます。他も同様に計算すると、期待度数は表4.13のようになります。

▼表4.13　期待度数

リンク元	購入した	購入しなかった	合計
メール	6.6	5.4	12
広告	4.4	3.6	8
合計	11	9	20

　さらに、期待度数との差を次の式で計算すると、表4.14のようになります。

$$\frac{(元データ - 期待度数)^2}{期待度数}$$

▼表4.14　期待度数との差

リンク元	購入した	購入しなかった
メール	0.387	0.474
広告	0.582	0.711

　この表の数値の和を**カイ二乗値**といい、χ^2と書きます。この和が大きければ、それだけ期待度数との差が大きいことを意味します。今回の場合、$\chi^2 = 0.387 + 0.474 + 0.582 + 0.711 = 2.154$となりました。

　そして、このカイ二乗値を使ってp値を計算します。このような方法をカイ二乗検定（χ^2検定）といいます。

　Excelでは、「CHISQ.DIST.RT」という関数が用意されています。今回の場合、「=CHISQ.DIST.RT(2.154,1)」と入力すると、「0.142198997」という値が得られました。

　これは0.05を上回っているため、「リンク元と購入の有無には、有意な関係があるとはいえない」ことを意味します。ここで、「CHISQ.DIST.RT」の2番目の引数に入れた「1」は自由度を意味します。

　今回の場合、2行2列だったため、自由度に1を入れて計算しましたが、一般に、m行n列の場合、自由度は$(m-1)(n-1)$となります。これは、自由度という言葉を解説するときに使った「合計が決まると残りが自動的に決まる」ということと同じです。今回も、縦横の合計が決まっていると、自由に動かせるところは行数、列数よりも1だけ小さくなるのです（図4.30）。

▼図4.30　カイ二乗検定での自由度

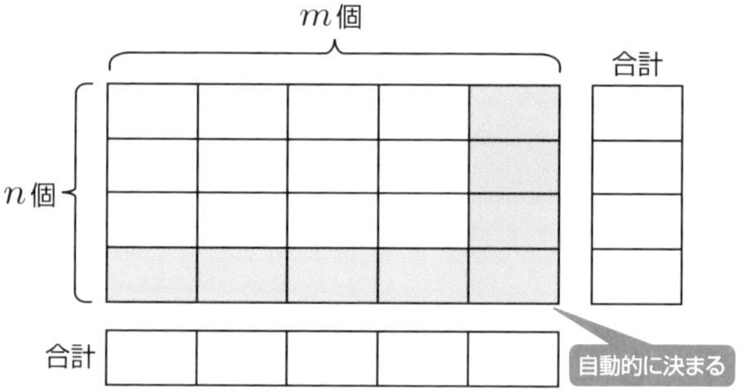

CHAPTER 05

複数のデータを
まとめて処理する
～ベクトルと行列～

大きさと向きを表す

複数の値をまとめて扱う考え方を知ると、さまざまな場面に応用できます。

▊ 矢印でデータを表現する〜ベクトル

大きさに加えて向きを持つデータを表現する考え方を紹介します。

▶ スカラーとベクトル

数値を表現するときに使う整数や小数など、大きさのみを表す量を**スカラー**といいます。これまで使ってきた、2や−1といった整数や、1.5といった小数、xといった変数なども、単一の値で表現します。このようなスカラー同士の足し算や引き算、掛け算などの演算を行うと、その結果もスカラーです。

Excelのセルに入力する数はスカラーです。一方、大きさに加えて向きを持つ量を**ベクトル（ベクター）**といいます。たとえば、図5.1のような平面や、図5.2のような空間において、その大きさと向きを考えます。

▼図5.1　平面におけるベクトル

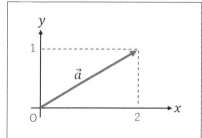

▼図5.2　空間におけるベクトル

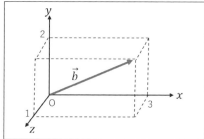

ベクトルは大きさに加えて向きを持つため、高校の教科書などではアルファベットの上に矢印を使って、$\vec{a}$、$\vec{b}$のように書きます。しかし、多くの数学書では$\boldsymbol{a}$、$\boldsymbol{b}$のように太字のアルファベットで書いています。この本でも、これ以降はこのように太字のアルファベットで書きます。

ベクトルを表現するときは座標軸を考えて、原点からの距離をその軸の数だけ並べて記述します。このそれぞれの値のことを**成分**や**要素**といいます。2次元の場合はx座標とy座標、3次元の場合はx座標、y座標、z座標を順に表すことが一般的です。

たとえば、2次元の座標平面の場合は$\boldsymbol{a} = (2, 1)$のように書き、3次元の座標平面の場合は$\boldsymbol{b} = (3, 2, 1)$のように書きます。この$\boldsymbol{a}$と$\boldsymbol{b}$が、図5.1、図5.2の$\vec{a}$、$\vec{b}$にそれぞれ対応しています。

Excelでベクトルを表現する場合は、図5.3のようにベクトルの成分を縦に並べるとよいでしょう。列の見出しをベクトルの名前と考えると、以下の項で紹介する演算を簡単に計算できます。

▼図5.3　Excelでのベクトルの表現

A1		⋮	×	✓	f_x	a
	A	B	C	D		
1	a	b				
2	2	3				
3	1	2				
4		1				
5						

▥ 2つのベクトルの計算を知る〜和・大きさ・内積〜

　複数のベクトルを組み合わせることで、さまざまな計算が可能になります。ベクトルの基本的な計算について紹介します。

▶ ベクトルの和と大きさ

　2つのベクトルがあったとき、その和や差を求めることを考えましょう。ベクトルの和を計算するには、各成分をそれぞれ足し算するだけです。たとえば、2つのベクトル $a = (3, 2)$, $b = (1, 4)$ があったとき、その和は次のように求められます。

$$a + b = (3 + 1, 2 + 4) = (4, 6)$$

　図5.4のように座標平面で考え、平行四辺形をイメージするとわかりやすいでしょう。

▼図5.4　ベクトルの和

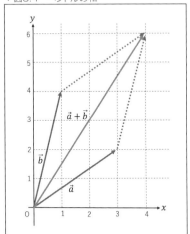

　ベクトルは「大きさと向き」だけで考えられるので、位置は意識する必要がありません。ベクトルの大きさと向きを保ったまま、bの始点をaの終点に位置を移動する、またはaの始点をbの終点に移動すると簡単に求められるのです。

　Excelでは図5.5のように、それぞれのベクトルが表す列の和で計算できます。たとえば、セルC2に「=A2+B2」という式を入れて、下の行にコピーするだけです。

▼図5.5　Excelでベクトルの和を求める

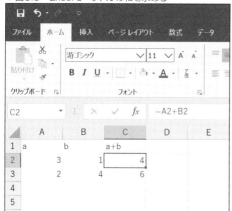

さらに、ベクトルを表す矢の長さをベクトルの大きさといい、CHAPTER 03でも登場した三平方の定理を使って計算できます（図5.6）。大きさは、ベクトルを表す文字の両端を絶対値のように「｜」で囲って$|a|$のように表現します（書籍によっては、$||a||$のように2本の線を使うこともあります）。

▼図5.6　ベクトルの大きさ

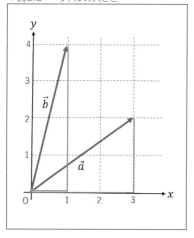

たとえば、$a = (3, 2)$, $b = (1, 4)$のとき、ベクトルa, bの大きさは

$$|a| = \sqrt{3^2 + 2^2} = \sqrt{13}, \quad |b| = \sqrt{1^2 + 4^2} = \sqrt{17}$$

と計算できます。

Excelでは、各列において、それぞれのセルの値を2乗した値の和を求め、平方根を計算します。CHAPTER 02で分散や標準偏差を求めたときのように、関数を使って簡単に計算できます。

たとえば、A列の一番下（セルA4）に「=SQRT(SUMSQ(A2:A3))」と入力してみましょう。これをB列にもコピーすると、B列のベクトルの大きさも求められます（図5.7）。

▼図5.7　Excelでベクトルの大きさを求める

A4	▼	:	×	✓	f_x	=SQRT(SUMSQ(A2:A3))
	A	B	C	D	E	F
1	a	b				
2	3	1				
3	2	4				
4	3.605551	4.123106				
5						
6						

▶ ベクトルの内積

2つのベクトルの掛け算を考えるとき、よく使われるのが「内積」で、「・」という記号を使って表現します。ベクトル$\boldsymbol{a} = (a_1, a_2)$と$\boldsymbol{b} = (b_1, b_2)$の内積は次の式で求められます。

$$\boldsymbol{a} \cdot \boldsymbol{b} = a_1 b_1 + a_2 b_2$$

つまり、それぞれの成分を掛け算したものを足し算して求められます。たとえば、$\boldsymbol{a} = (3, 2)$, $\boldsymbol{b} = (1, 4)$（図5.8左）のとき、ベクトル$\boldsymbol{a}$, $\boldsymbol{b}$の内積は

$$\boldsymbol{a} \cdot \boldsymbol{b} = 3 \times 1 + 2 \times 4 = 11$$

と計算できます。

ベクトルの和は成分ごとに足し算したため、ベクトル同士の和はベクトルでした。ベクトルの内積は成分ごとに掛け算するだけでなく、その和を求めるため、スカラー（数値）になります。

▼図5.8　ベクトルの内積

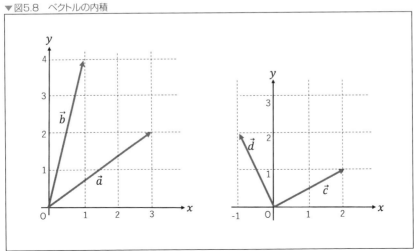

　ここで、$c = (2, 1)$，$d = (-1, 2)$という2つのベクトルを考えましょう（図5.8右）。この2つの
ベクトルの内積を求めると、

$$c \cdot d = 2 \times (-1) + 1 \times 2 = 0$$

と計算できます。図5.8右を見ると、2つのベクトルが垂直だとわかります。

　2つのベクトルが垂直のとき、ベクトルの内積は常に0になります。そして、内積が正のときは
2つのベクトルのなす角が90度より小さく、負のときは2つのベクトルのなす角が90度より大きくな
ります。

　Excelで内積を求めるには、102ページで加重移動平均を求めるときに使った「SUMPRODUCT」
という関数が便利です。セルA2からセルA4にあるベクトルと、セルB2からセルB4にあるベクトル
の内積を求めるには、「`=SUMPRODUCT(A2:A4,B2:B4)`」と指定します（図5.9）。

▼図5.9　Excelでベクトルの内積を求める

B6		⋮	×	✓	f_x	=SUMPRODUCT(A2:A4,B2:B4)	
	A	B	C	D	E	F	G
1	a	b					
2		3	1				
3		2	4				
4		1	5				
5							
6	内積	16					
7							

　内積は三角関数のcosを使って、次のようにも定義されています。図5.10のような三角形を
考えると、2つのベクトルa，bのなす角がθのとき、

$$a \cdot b = |a||b| \cos \theta$$

となります。

▼図5.10　三角形におけるベクトル

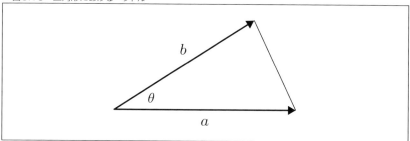

　これを使って、三角関数の余弦定理を証明することもできます。

　なお、三角比のところで紹介しましたが、$\cos 0° = 1$、$\cos 90° = 0$、$\cos 180° = -1$です。
そして、cosは-1から1までの値をとるため、次の条件が成り立ちます。この式を**コーシー・シュ
ワルツの不等式**といいます。

$$-|a||b| \leqq \ a \cdot b \leqq \ |a||b|$$

2つのベクトルa, bが同じ向きのとき、その内積は$|a||b|$に等しく、このときが最大です。同様に反対を向いているとき、その内積は$-|a||b|$で最小です。つまり、2つのベクトルのなす角で、内積の最大と最小を考えられます。

これは、CHAPTER 07で解説する機械学習においても重要な考え方で、内積を最小にするには反対向きにすればいい、ということを覚えておきましょう。また、ベクトルの和や大きさ、内積はいずれも平面だけでなく空間など次数が増えても同じことが成り立ちます。

▌▌▌複数の商品を見比べて類似度をみる～コサイン類似度

多数の項目を複数の軸で評価するとき、それらが似ていると判断する基準としてベクトルや三角関数の考え方を活用する方法について紹介します。

▶ 近くにあるものを集める

コンピュータを使ってできる便利なこととして、「似たようなものを集める」ことが挙げられます。たとえば、ショッピングサイトなどで「この商品を買っている人はこんな商品を買っています」といった表示があります。裏側では、ある商品を買った人が他にどんな商品を買っているが購入履歴などを分析しているのです。

また、最近の写真アプリでは、たくさんの写真の中から、同じ人が写っている写真を集めて表示してくれます。これも似たものを集める例です。

似たものを集めることを考えると、1つの方法として**クラスタリング**という考え方があります。距離が近いものが似ているものだと考える方法で、図5.11のような例が考えられます。

▼図5.11 クラスタリングの考え方

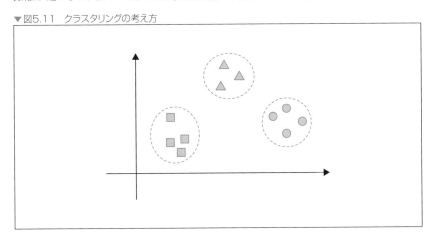

クラスタリングについてはCHAPTER 07で詳しく紹介します。

▶同じ方向を向いているものを集める

クラスタリングはわかりやすい一方で、距離だけでは判定できない場合があります。それは同じ方向を向いているけれど、大きさが異なる場合です。

たとえば、図5.12のような身長と体重の分布を考えてみましょう。「大人」と「子供」のようにグループ分けしたい場合は、「A, B」と「C, D」という2つのグループに分ける方法が考えられ、上記のクラスタリングでよいでしょう。しかし、「似たような体型」で分類したい場合、「A, C」と「B, D」という2つのグループに分ける方がよさそうです。

▼図5.12　考え方によって分類が異なる

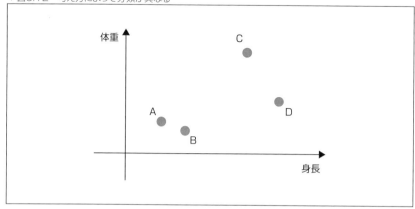

つまり、その角度が似ているものを集める方法が考えられます。

▶コサイン類似度

2つのベクトルがあったとき、これらがどれくらい同じ向きを向いているのかを表す値として**コサイン類似度**があります。これは、先ほどの内積の式を変形して、ベクトルの向きを判断する指標として使う方法です。

2つのベクトルa, bの内積は次の式で表されました。

$$a \cdot b = |a||b|\cos\theta$$

この式は次のように変形できます。

$$\cos\theta = \frac{a \cdot b}{|a||b|}$$

つまり、2つのベクトルa, bのなす角の大きさがこの式で計算できるのです。$\cos\theta$は$\theta = 0°$のとき1、$\theta = 180°$のとき-1になるため、この値が大きい（1に近い）ほど同じ方向を向いている、この値が小さい（-1に近い）ほど逆方向を向いていることを意味します。これを使うことで、さまざまなものの類似度を計算できます。

たとえば、複数の文章があったとき、それぞれがどれくらい似ているか調べてみましょう。それぞれの文章に登場する単語の数を集計すると、表5.1が得られました。

▼表5.1　文章に登場する単語の集計

単語	データ	情報	統計	数学	入門	ベクトル
文章A	4	6	3	1	2	0
文章B	3	0	4	0	3	2
文章C	0	5	0	2	1	1

　文章A、B、Cに登場する単語の数をベクトルで考え、それぞれ a, b, cとすると、$a = (4, 6, 3, 1, 2, 0)$, $b = (3, 0, 4, 0, 3, 2)$, $c = (0, 5, 0, 2, 1, 1)$というベクトルで表現できます。

　aとb、bとc、cとaについて、それぞれコサイン類似度を求めてみましょう。Excelで計算すると図5.13のようになり、コサイン類似度が得られました。

▼図5.13　Excelでコサイン類似度を求める

	A15	▼	⋮	✕	✓	*fx*	=A11/(A8*B8)	
	A	B	C	D	E			
1	a	b	c					
2	4	3	0					
3	6	0	5					
4	3	4	0					
5	1	0	2					
6	2	3	1					
7	0	2	1					
8	8.124038	6.164414	5.567764					
9	内積							
10	ab	bc	ca					
11	30	5	34					
12								
13	cos類似度							
14	ab	bc	ca					
15	0.599042	0.145679	0.751668					
16								

　これにより、文章Aと文章Cが一番類似しているといえます。この方法は与えられたデータをベクトルとして表現するだけで使えるため、文章だけでなく画像やWebサイトなどを比較するなど、さまざまなところで使われています。

2次元でデータを表現する

2次元でデータを表現すると、さまざまな計算が可能になります。機械学習などにも多く使われる表現方法を紹介します。

⫸ 縦と横にデータを並べる〜行列

2次元でデータを表現する方法として、行列が使われます。行列の基本的な計算方法を知っておきましょう。

▶ 行と列

ベクトルは1次元でしたが、横方向、縦方向ともに複数のデータを2次元に並べたものを**行列**といいます。Excelと同様に、横方向のデータを**行**、縦方向のデータを**列**といいます。また、それぞれのデータをベクトルと同じように**成分**または**要素**といいます。

行列はAのように、太字のアルファベット大文字で書き、縦と横に並んだ成分を括弧の中に入れて表現します。

$$A = \left(\begin{array}{ccc} 2 & 4 & 1 \\ 6 & 3 & 5 \end{array} \right)$$

Excelで行列を表現するには、図5.14のように縦横に並んだセルに値を格納するだけです。

▼図5.14 Excelでの行列の表現

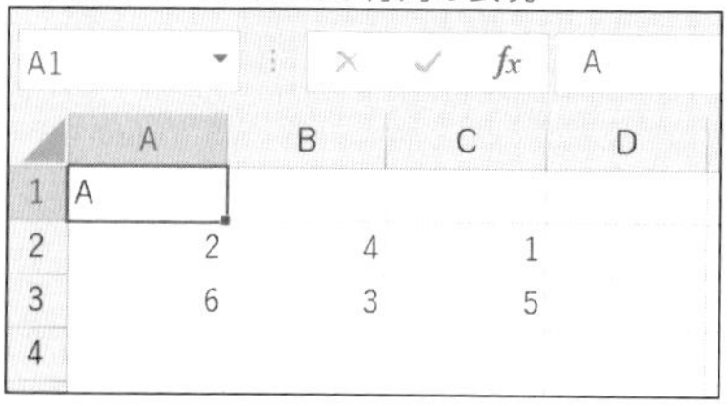

▶ 正方行列

上記のような行列Aは行が2つ、列が3つなので、**2行3列**の行列といいます。また、次のB, Cのように行の数と列の数が同じ行列を**正方行列**といい、Bは**2次の正方行列**、Cは**3次の正方行列**といいます。

$$B = \left(\begin{array}{cc} 1 & 2 \\ 3 & 4 \end{array} \right), \ C = \left(\begin{array}{ccc} 1 & 2 & 3 \\ 4 & 5 & 6 \\ 7 & 8 & 9 \end{array} \right)$$

2つの行列の和（足し算）や差（引き算）は、同じ位置の数を足したり引いたりして計算します。たとえば、次の行列X, Yに対して$X + Y$, $X - Y$を計算してみましょう。

$$X = \begin{pmatrix} 1 & 5 & 4 \\ 3 & -2 & 1 \end{pmatrix}, \ Y = \begin{pmatrix} -2 & 0 & 3 \\ 1 & 4 & -1 \end{pmatrix}$$

$$X + Y = \begin{pmatrix} -1 & 5 & 7 \\ 4 & 2 & 0 \end{pmatrix}, \ X - Y = \begin{pmatrix} 3 & 5 & 1 \\ 2 & -6 & 2 \end{pmatrix}$$

同じ位置を足したり引いたりするため、和や差を求める場合には、行数と列数が同じである必要があります。

Excelで行列の和や差を計算するときは、それぞれの位置を足し算、引き算するだけなので簡単でしょう（図5.15）。

▼図5.15　行列の和と差

A6		⋮	×	✓	fx	=A2+E2		
	A	B	C	D	E	F	G	H
1	X				Y			
2	1	5	4		-2	0	3	
3	3	-2	1		1	4	-1	
4								
5	X+Y				X-Y			
6	-1	5	7		3	5	1	
7	4	2	0		2	-6	2	
8								

▶ 定数倍

行列同士の足し算は各要素を足すと求められるので、2倍、3倍など行列の定数倍も各要素を定数倍して求められます。

$$X = \begin{pmatrix} 1 & 5 & 4 \\ 3 & -2 & 1 \end{pmatrix} \ \Rightarrow \ 2X = \begin{pmatrix} 2 & 10 & 8 \\ 6 & -4 & 2 \end{pmatrix}$$

▐▐▐ 順番が重要な行列の掛け算〜行列の積

私たちが普段使っている数とは異なり、行列の掛け算には注意が必要です。その違いと注意点について解説します。

▶ 順番が重要

定数倍ではなく、行列同士の積を求める場合は左側の行列の「行」と、右側の行列の「列」を掛け合わせて計算します（図5.16）。

▼図5.16　行列の積

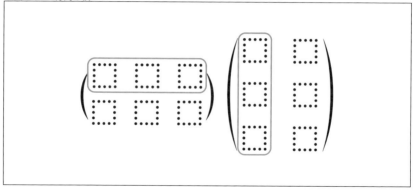

2つの行列A, Bが

$$A = \left(\begin{array}{ccc} a_{11} & a_{12} & a_{13} \\ a_{21} & a_{22} & a_{23} \end{array} \right), \quad B = \left(\begin{array}{cc} b_{11} & b_{12} \\ b_{21} & b_{22} \\ b_{31} & b_{32} \end{array} \right)$$

のとき、行列の積は次のように計算できます。

$$A \times B = \left(\begin{array}{cc} a_{11} \times b_{11} + a_{12} \times b_{21} + a_{13} \times b_{31} & a_{11} \times b_{12} + a_{12} \times b_{22} + a_{13} \times b_{32} \\ a_{21} \times b_{11} + a_{22} \times b_{21} + a_{23} \times b_{31} & a_{21} \times b_{12} + a_{22} \times b_{22} + a_{23} \times b_{32} \end{array} \right)$$

これを具体的な数で考えると、次のA, Bがあったとき、$A \times B$は上の式に当てはめて計算できます。

$$A = \left(\begin{array}{ccc} 1 & 2 & 3 \\ 3 & 4 & 5 \end{array} \right), \quad B = \left(\begin{array}{cc} 3 & 4 \\ 4 & 5 \\ 5 & 6 \end{array} \right)$$

$$A \times B = \left(\begin{array}{cc} 1 \times 3 + 2 \times 4 + 3 \times 5 & 1 \times 4 + 2 \times 5 + 3 \times 6 \\ 3 \times 3 + 4 \times 4 + 5 \times 5 & 3 \times 4 + 4 \times 5 + 5 \times 6 \end{array} \right) = \left(\begin{array}{cc} 26 & 32 \\ 50 & 62 \end{array} \right)$$

　左側の各行と右側の各列を順に計算するため、掛け算をする場合、左側の行列の「列数」と、右側の行列の「行数」が同じである必要があります。さらに、左の行列がm行k列、右の行列がk行n列のとき、その積はm行n列の行列になります。

　Excelで行列の積を計算するには、「MMULT[1]」という関数が用意されています。たとえば、図5.17のような2つの行列があったとき、行列の積でできる行列の大きさの範囲を選択した状態で、左上のセルに「=MMULT(A2:C3,E2:F4)」と入力します。さらに、「Ctrl + Shift + Enter」というキーを押すと、結果が得られます[2]。

---

[1]：行列は英語で「Matrix」のため、行列に関係する関数はMで始まるものが多い。MMULTはMatrixのMultiplication（掛け算）という意味。

[2]：通常の式のように、Enterキーを押すだけでは正しく計算できないので注意。

▼図5.17　Excelで行列の積を計算する

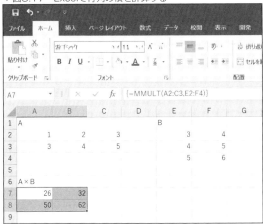

　行列の掛け算で注意が必要なのは、左右を入れ替えたときに結果が一致せず、「交換法則が成り立たない」ことです。

$$A = \left(\begin{array}{cc} 1 & 2 \\ 3 & 4 \end{array} \right), \; B = \left(\begin{array}{cc} 3 & 4 \\ 4 & 5 \end{array} \right)$$

$$A \times B = \left(\begin{array}{cc} 11 & 14 \\ 25 & 32 \end{array} \right), \; B \times A = \left(\begin{array}{cc} 15 & 22 \\ 19 & 28 \end{array} \right)$$

　私たちがこれまで使ってきた一般的な数式では交換法則が成り立ったため、無意識のうちに順番を無視してしまいがちですが、行列のときは掛ける順番を意識してください。

▶ 単位行列

　行列の積に交換法則は成り立ちませんが、逆から掛けても同じ結果が得られる特徴的な行列があります。たとえば、左上から右下への斜めの要素がすべて1、それ以外は0になっている行列を**単位行列**といい、一般にEやIといった記号が使われます。

$$E = \left(\begin{array}{cc} 1 & 0 \\ 0 & 1 \end{array} \right), \; E = \left(\begin{array}{ccc} 1 & 0 & 0 \\ 0 & 1 & 0 \\ 0 & 0 & 1 \end{array} \right)$$

　これは、掛け算で1を掛けることと同じだといえます。実際に計算してみると、次のように同じ値が得られていることがわかります。

$$\left(\begin{array}{cc} 1 & 2 \\ 3 & 4 \end{array} \right) \times \left(\begin{array}{cc} 1 & 0 \\ 0 & 1 \end{array} \right) = \left(\begin{array}{cc} 1 & 2 \\ 3 & 4 \end{array} \right), \; \left(\begin{array}{cc} 1 & 0 \\ 0 & 1 \end{array} \right) \times \left(\begin{array}{cc} 1 & 2 \\ 3 & 4 \end{array} \right) = \left(\begin{array}{cc} 1 & 2 \\ 3 & 4 \end{array} \right)$$

▌▌特徴的な行列〜転置行列と逆行列

行列の中でも特徴的な行列である転置行列と逆行列について紹介します。

▶ 転置行列

もとの行列の行と列を入れ替えた行列を**転置行列**といいます。転置行列は ^tA や A^T と表現されることが一般的ですが、書籍によって表現方法が異なるため、注意が必要です。この本では A^T と表現することにします。

$$A = \begin{pmatrix} 1 & 2 & 3 \\ 4 & 5 & 6 \\ 7 & 8 & 9 \end{pmatrix} \quad \Rightarrow \quad A^T = \begin{pmatrix} 1 & 4 & 7 \\ 2 & 5 & 8 \\ 3 & 6 & 9 \end{pmatrix}$$

Excelで簡単に転置行列を作成するには、2通りの方法があります。

1つ目はもとの行列をコピーした後で「形式を選択して貼り付け」[3] を使う方法です。「行/列の入れ替え」というチェックボックスにチェックして貼り付けると、転置した行列を作成できます（図5.18）。

▼図5.18　行と列を入れ替えて貼り付ける

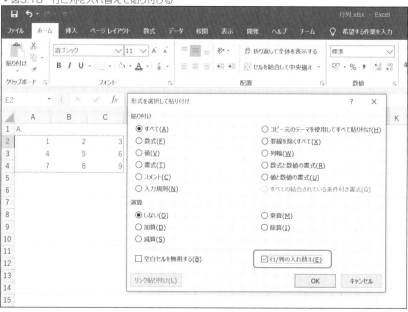

もう1つは「TRANSPOSE」という関数を使う方法です。もとの行列が2行3列でセルA2からセルC3に入力されている場合、3行2列の領域を選択した状態で、左上のセルに「=TRANSPOSE(A2:C3)」と入力し、「Ctrl + Shift + Enter」というキーを押すと、転置した結果が得られます（図5.19）。

　[3]：「ホーム」タブ→「貼り付け」の下にある矢印を押すと表示される。

▼図5.19 TRANSPOSE関数を使う

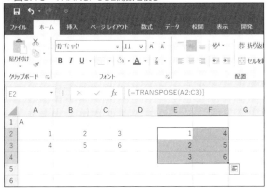

転置行列をさらに転置すると、当然のことながらもとの行列に戻ります。

$$\left(\boldsymbol{A}^T\right)^T = \boldsymbol{A}$$

▶対称行列と直交行列

転置行列が関係する特徴的な行列を紹介します。たとえば、転置してももとの行列と同じ行列が得られ、$\boldsymbol{A}^T = \boldsymbol{A}$となる行列を**対称行列**といいます。

また、$\boldsymbol{U}\boldsymbol{U}^T = \boldsymbol{E}$となる行列$\boldsymbol{U}$は、**直交行列**といわれます。つまり、「もとの行列」と「転置した行列」を掛けたものが単位行列になります。直交行列において、2つの同一でない行を任意に取り出し、この2つをベクトルと考えると、その内積はいずれも0です。

これは、直交行列$\boldsymbol{U}$の中にあるベクトルが互いに直交していることを意味します。2行2列の直交行列としては、次のような例があります。

$$\left(\begin{array}{cc} 1 & 0 \\ 0 & -1 \end{array}\right), \left(\begin{array}{cc} \cos\theta & -\sin\theta \\ \sin\theta & \cos\theta \end{array}\right)$$

▶逆行列と正則行列

行列$\boldsymbol{A}$に対して、右から掛けても左から掛けても単位行列$\boldsymbol{E}$となるような行列を$\boldsymbol{A}$の**逆行列**といい、$\boldsymbol{A}^{-1}$で表現します。逆行列を求めるには$\boldsymbol{A}$が正方行列でなければなりません。

たとえば、次の2つの行列$\boldsymbol{A}$, $\boldsymbol{B}$を考えると、右から掛けても左から掛けても単位行列になることがわかります。

$$\boldsymbol{A} = \left(\begin{array}{cc} 2 & 5 \\ 1 & 3 \end{array}\right), \boldsymbol{B} = \left(\begin{array}{cc} 3 & -5 \\ -1 & 2 \end{array}\right)$$

$$\boldsymbol{A} \times \boldsymbol{B} = \left(\begin{array}{cc} 1 & 0 \\ 0 & 1 \end{array}\right), \boldsymbol{B} \times \boldsymbol{A} = \left(\begin{array}{cc} 1 & 0 \\ 0 & 1 \end{array}\right)$$

つまり、$\boldsymbol{B} = \boldsymbol{A}^{-1}$です。行列には割り算が存在しませんが、逆行列を使うと行列で割ったような効果があります。

Excelで逆行列を計算するには、「MINVERSE」という関数を使います。セルA2からセルB3に行列Aが入力されているとき、逆行列を格納するセルを選択した状態で、左上のセルに「=MINVERSE(A2:B3)」と入力し、「Ctrl + Shift + Enter」を押すと、図5.20のような結果が得られます。

▼図5.20　Excelで逆行列を求める

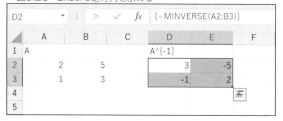

なお、すべての行列に逆行列が存在するわけではありません。たとえば、次の行列には逆行列が存在しません。

$$\begin{pmatrix} 1 & 2 \\ 3 & 6 \end{pmatrix}$$

逆行列が存在する行列を**正則行列**といいます。

▶ 行列式

逆行列が存在するかチェックするには、**行列式**を使います。行列 A の行列式を $|A|$ や Δ のように表現し、2行2列の行列の場合は、次の計算で求められます。

$$A = \begin{pmatrix} a & b \\ c & d \end{pmatrix} \quad \Rightarrow \quad |A| = ad - bc$$

ここで、$|A|$ が0のとき、A の逆行列は存在しません。

Excelで行列式を計算するには、「MDETERM」という関数を使います。行列式は単一の値なので、通常の関数と同じように「=MDETERM(A2:B3)」と入力するだけで結果が得られます（図5.21）。

▼図5.21　Excelで行列式を計算する

D2		⋮	×	✓	f_x	=MDETERM(A2:B3)	
	A	B	C	D	E	F	
1	A			行列式			
2	1	2		-2			
3	3	4					
4							

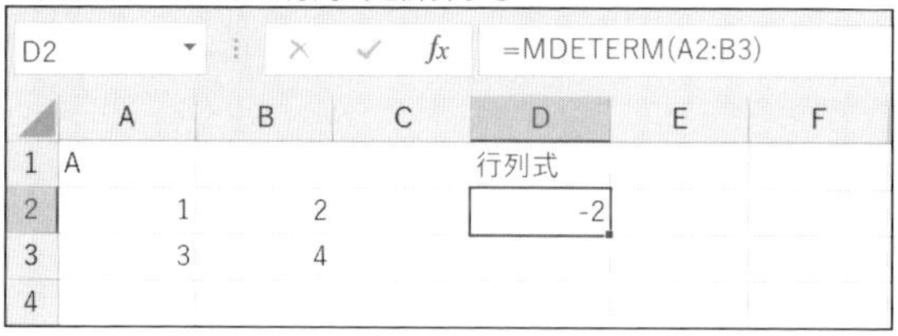

SECTION-014

ベクトルと行列の応用

ベクトルや行列がどのような場面で使えるのか、応用例を紹介します。

掛け算だけで連立方程式を解く～連立方程式の解法

ベクトルや行列を活用した事例として、連立方程式への応用方法を解説します。

▶逆行列を左から掛ける

行列との掛け算は行列だけでなく、ベクトルとの掛け算も考えられます。ベクトルとの掛け算は、行数または列数が1の行列との掛け算だといえます。

わかりやすいのが連立方程式です。行列を使うと、連立方程式を1つの式で表現できます。

たとえば、次の連立方程式を考えましょう。

$$\begin{cases} 2x + 3y = 7 \\ -x + 4y = 2 \end{cases}$$

行列を使うと、この式を次のように表現できます。

$$\begin{pmatrix} 2 & 3 \\ -1 & 4 \end{pmatrix} \begin{pmatrix} x \\ y \end{pmatrix} = \begin{pmatrix} 7 \\ 2 \end{pmatrix}$$

左辺を行列の積と考えると、もとの連立方程式と同じであることがわかるでしょう。ここで、この式の両辺に左の行列の逆行列を左から掛けると、逆行列との掛け算で単位行列になった左辺はシンプルになります。

$$\begin{aligned} \begin{pmatrix} 2 & 3 \\ -1 & 4 \end{pmatrix}^{-1} \begin{pmatrix} 2 & 3 \\ -1 & 4 \end{pmatrix} \begin{pmatrix} x \\ y \end{pmatrix} &= \begin{pmatrix} 2 & 3 \\ -1 & 4 \end{pmatrix}^{-1} \begin{pmatrix} 7 \\ 2 \end{pmatrix} \\ \begin{pmatrix} 1 & 0 \\ 0 & 1 \end{pmatrix} \begin{pmatrix} x \\ y \end{pmatrix} &= \frac{1}{11} \begin{pmatrix} 4 & -3 \\ 1 & 2 \end{pmatrix} \begin{pmatrix} 7 \\ 2 \end{pmatrix} \\ \begin{pmatrix} x \\ y \end{pmatrix} &= \begin{pmatrix} 2 \\ 1 \end{pmatrix} \end{aligned}$$

Excelで連立方程式を解くには、両辺の係数をシートに入力しておきます。上記の連立方程式の場合、図5.22のようにA列からD列に入力します。

▼図5.22　連立方程式の係数

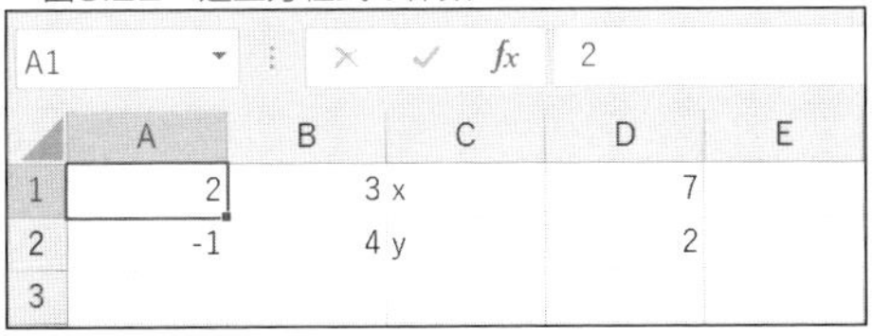

A1
fx
2
A
B
C
D
E
1
2
3 x
7
2
-1
4 y
2
3

次に、逆行列を計算します（図5.23）。念のため、行列式を計算して0でないことを確認しておくとよいでしょう。

▼図5.23　連立方程式の係数の逆行列

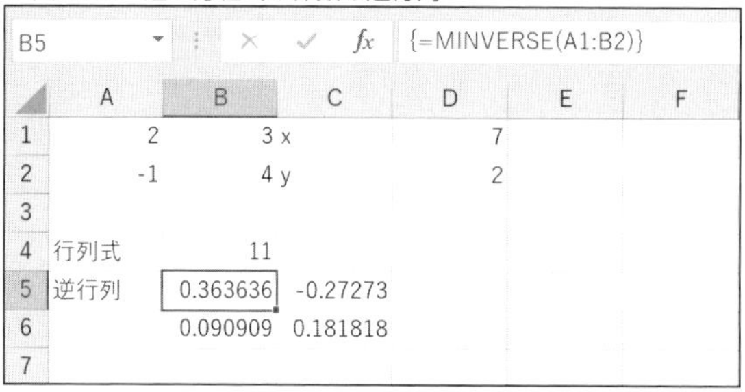

B5		⋮	× ✓	f_x	{=MINVERSE(A1:B2)}	
	A	B	C	D	E	F
1	2	3 x		7		
2	-1	4 y		2		
3						
4	行列式	11				
5	逆行列	0.363636	-0.27273			
6		0.090909	0.181818			
7						

最後に、逆行列（セルB5からセルC6）と右辺（セルD1からセルD2）について、行列の積を求めます（図5.24）。

▼図5.24　連立方程式の解を求める

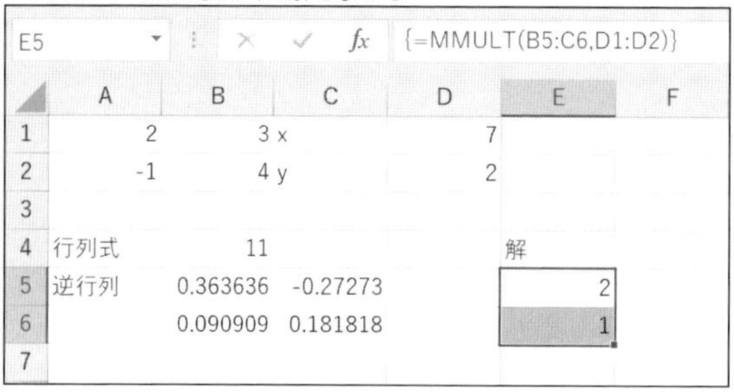

E5		⋮	× ✓	f_x	{=MMULT(B5:C6,D1:D2)}	
	A	B	C	D	E	F
1	2	3 x		7		
2	-1	4 y		2		
3						
4	行列式	11			解	
5	逆行列	0.363636	-0.27273		2	
6		0.090909	0.181818		1	
7						

これくらいであれば、手作業で計算しても大した時間はかかりませんが、変数の数が増えても同じように処理できるのが行列を使うメリットです。たとえば、次のような連立方程式を解いてみると、その効果を実感できるでしょう。

$$\begin{cases} 3x - 2y + 2z = 13 \\ -x + 3y - z = -10 \\ 2x + y - 3z = -9 \end{cases}$$

掛け算で場所を移動する〜画像の加工

ベクトルや行列を他に応用した例として、画像の移動や拡大縮小、回転などへの活用を紹介します。

▶ 平行移動

画像の座標を移動するには、x座標とy座標を加えるだけなので、次のようにベクトルの和で表現できます。図5.25のように、(x, y)という点をx軸方向にa、y軸方向にb移動した点を(x', y')とすると、次のように表現できます。

▼図5.25　平行移動

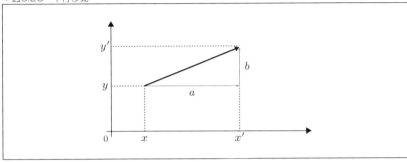

これはベクトルのところで紹介したものと同じ考え方です。

$$\left(\begin{array}{c} x' \\ y' \end{array} \right) = \left(\begin{array}{c} x \\ y \end{array} \right) + \left(\begin{array}{c} a \\ b \end{array} \right)$$

▶ 拡大・縮小

横にa倍、縦にb倍する場合、xをa倍、yをb倍するので、次のような行列の積で計算できます。

$$\left(\begin{array}{c} x' \\ y' \end{array} \right) = \left(\begin{array}{cc} a & 0 \\ 0 & b \end{array} \right) \left(\begin{array}{c} x \\ y \end{array} \right)$$

▼図5.26　拡大・縮小

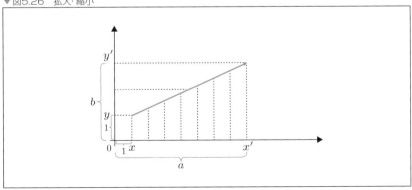

▶ 2次元の回転

ある点$P(x, y)$があったたとき、原点を中心に角度θだけ回転して点$Q(x', y')$に移動するような変換を考えます（図5.27）。

▼図5.27　回転

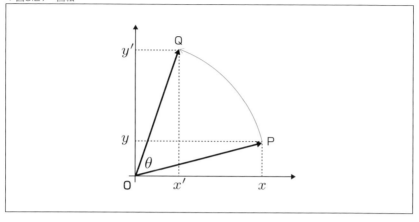

点Pの座標を大きさrと、x軸との角度αを使って表すと、$\cos\alpha = \frac{x}{r}$, $\sin\alpha = \frac{y}{r}$なので、次のように表現できます。

$$x = r\cos\alpha, \quad y = r\sin\alpha$$

点Qは点Pを回転したものなので、大きさは変わらずrで、角度は$\alpha + \theta$です。つまり、点Qの座標は次のように計算できます。

$$x' = r\cos(\alpha + \theta), \quad y' = r\sin(\alpha + \theta)$$

CHAPTER 03で紹介した三角関数の加法定理より、次のように変形できます。

$$x' = r(\cos\alpha\cos\theta - \sin\alpha\sin\theta)$$

$$y' = r(\sin\alpha\cos\theta + \cos\alpha\sin\theta)$$

ここに最初の式を代入すると、次のように整理できます。

$$x' = x\cos\theta - y\sin\theta$$

$$y' = x\sin\theta + y\cos\theta$$

これを行列で表現すると、次のように書けます。

$$\begin{pmatrix} x' \\ y' \end{pmatrix} = \begin{pmatrix} \cos\theta & -\sin\theta \\ \sin\theta & \cos\theta \end{pmatrix} \begin{pmatrix} x \\ y \end{pmatrix}$$

このような行列を**回転行列**といいます。

行列を使うと座標の移動や回転が簡単にできることがわかります。

▶アフィン変換

　上記のような拡大・縮小や回転に加え、平行移動を組み合わせた変換を**アフィン変換**といいます。たとえば、変換前の座標を(x, y)、変換後の座標を(x', y')とすると、次の式で表されます。

$$\begin{pmatrix} x' \\ y' \end{pmatrix} = \begin{pmatrix} a & b \\ c & d \end{pmatrix} \begin{pmatrix} x \\ y \end{pmatrix} + \begin{pmatrix} e \\ f \end{pmatrix}$$

これは、3×3の行列を用いて、次のように表現することもできます。

$$\begin{pmatrix} x' \\ y' \\ 1 \end{pmatrix} = \begin{pmatrix} a & b & e \\ c & d & f \\ 0 & 0 & 1 \end{pmatrix} \begin{pmatrix} x \\ y \\ 1 \end{pmatrix}$$

　ベクトルや行列は単体でビジネスに使われることはあまりありませんが、上記の他にもCHAPTER 07で紹介する機械学習などでは必須の知識です。

05

複数のデータをまとめて処理する〜ベクトルと行列〜

CHAPTER 06

規則性に気付く
～数列と極限～

一連のデータを並べる

　並んでいるデータに規則性があることに気付けば、将来を予測したときの精度が高まります。過去のデータを見て、どのように並んでいるのか規則性を調べるにはどのような方法があるでしょうか。

数の順番を表現する〜数列

　データはただ並べるだけでは意味がなく、その順番を考えることに意味がある場合があります。数の順番を意識して扱う、さまざまな数列について紹介します。

▶ 数列

　規則性の有無にかかわらず「数が列になったもの」を**数列**といいます。つまり、数が1列に並んでいるものを指します。

　たとえば、次のように数字を適当に並べただけでも、数が1列に並んでいれば数列です。

$$5, \ 3, \ 9, \ 2, \ 4, \ 8, \ 7, \ \ldots$$

　数列ではその順番が重要な意味を持ち、順番が入れ替わっているものは異なる数列です。それぞれの数を**項**、先頭の数を**初項**といいます。数列を一般的に表現するためには次のような記号を使い、先頭から順に番号を振ります。

$$a_1, \ a_2, \ a_3, \ a_4, \ a_5, \ a_6, \ a_7, \ \ldots$$

　先頭からn番目の値はa_nで、nは1以上の整数です。第n項がnに関する式で記述されているとき、このa_nを表す式を**一般項**といいます。

▶ 等差数列

　規則性がある数列は、その一般項を簡単な計算式で求められる場合があります。たとえば、次の数列を考えましょう。

$$1, \ 4, \ 7, \ 10, \ 13, \ 16, \ 19, \ 22, \ \ldots, \ 100$$

　これは初項が1で、続く項は前の項に3を足した数になっています。このように、隣り合う項の差が等しい数列を**等差数列**、その差を**公差**といいます。上記の数列は初項1、公差3の等差数列です。

　Excelで等差数列を作成するには、「連続データの作成」という機能が便利です。ここでは、初項の値としてセルA1に「1」を格納したとします。入力したい範囲としてセルA1からセルA10を選択し、「ホーム」タブにある「フィル」をクリック、「連続データの作成」を選びます。「種類」として「加算」を選び、「増分値」の欄に公差を入力します（図6.1）。

▼図6.1 連続データの作成で等差数列を作成

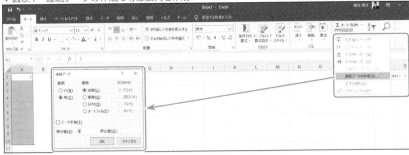

「OK」ボタンをクリックすると、セルA2からセルA10に等差数列を作成できました。

等差数列の第n項は、初項をa、公差をdとすると、

$$a_n = a + (n-1)d$$

と表現できます。

これは、図6.2のように、初項の後に公差を何度足し算するか数えると求められます。つまり、n番目の項は、初項の後に公差dを$n-1$回足していることを表しているのです。

▼図6.2 等差数列の一般項

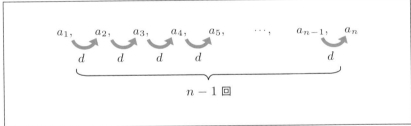

この式に当てはめると、上記の数列は$a_n = 1 + (n-1) \times 3 = 3n - 2$と整理できます。実際、$n = 1$、$n = 2$、$n = 3$、と順に当てはめると、その式を満たしていることがわかります。

▶等比数列

隣り合う項との比が等しいものを**等比数列**といい、その比を**公比**といいます。たとえば、初項が2、公比が3の等比数列は次のように並びます。

$$2,\ 6,\ 18,\ 54,\ 162,\ 486,\ \ldots$$

これもExcelで作成するには「連続データの作成」を使います。セルB1に初項の「2」を入れ、セルB2からセルB10を選択した状態で、「ホーム」タブの「フィル」をクリックし、「連続データの作成」を選びます。「種類」として「乗算」を選び、公比を指定すると、等比数列を作成できます（図6.3）。

▼図6.3 連続データの作成で等比数列を作成

等比数列の初項をa、公比をrとすると、n項目までにrを$n-1$回掛け算するので、次の式で第n項を求められます。

$$a_n = ar^{n-1}$$

▐ 和を式で表現する～シグマ記号

一般項をnが入った式で表現したとき、その数列の初項から第n項までの和を計算で求めることを考えましょう。

▶ シグマ記号

数列の初項から第n項までの和をS_nとすると、一般に「$\sum$」(シグマ)という記号を用いて表現できます。

$$S_n = \sum_{k=1}^{n} a_k$$

前項で登場した等差数列の場合は、次のような式で表現できます。

$$S_n = \sum_{k=1}^{n} (3k - 2)$$

この記号はCHAPTER 02で合計を求めたときにも登場しましたが、$\sum$記号の上下に書かれている範囲で、kの値を変えながら足し合わせることを意味します。たとえば、

$$\sum_{k=1}^{7} k$$

という式は$1 + 2 + 3 + 4 + 5 + 6 + 7$という計算を行います。

等差数列は隣り合う項の差が等しいため、逆から並べると和を簡単に求められます。たとえば、$n = 7$のとき、1から7までの和を求めることを考えてみましょう。

各項を逆から並べたものと上下に足し合わせると、次のようにいずれの項も同じ「8」になります。そこで、項数と和の単純な掛け算で求められます。

$$
\begin{array}{ccccccccccccc}
  & 1 & + & 2 & + & 3 & + & 4 & + & 5 & + & 6 & + & 7 \\
+ & 7 & + & 6 & + & 5 & + & 4 & + & 3 & + & 2 & + & 1 \\
\hline
  & 8 & + & 8 & + & 8 & + & 8 & + & 8 & + & 8 & + & 8
\end{array}
$$

つまり、初項と末項（最後の項）、項数がわかれば、$\frac{7 \times 8}{2} = 28$ のように和を計算できるのです。ここで2で割るのは、同じ数を逆から足していて、2倍になっているためです。

▶ 等差数列の和の公式

一般に、等差数列の和は、次のように逆から並べると、初項と末項の和が n 個あります。

$$
\begin{array}{ccccccc}
a & + & a+d & + & \cdots & + & a+(n-1)d \\
+ \quad a+(n-1)d & + & a+(n-2)d & + & \cdots & + & a \\
\hline
2a+(n-1)d & + & 2a+(n-1)d & + & \cdots & + & 2a+(n-1)d
\end{array}
$$

つまり、

$$
S_n = \frac{n}{2}\{2a + (n-1)d\}
$$

と整理できます。たとえば、上記の初項1、公差3の等差数列で100までの和を求めてみましょう。$a_n = 3n - 2$ という数列で、100が登場するのは、$100 = 3n - 2$ を解いて $n = 34$ です。つまり、上記の式に代入して和を計算できます。

$$
S_{34} = \frac{34}{2} \times (2 + 33 \times 3) = 1717
$$

Excelを使えば、このような式を知らなくてもSUM関数で合計を求められると思うかもしれません。しかし、項数（セルの数）が多くなっても、このような式を使えばセルに値を格納することなく一瞬で計算できます。

▶ よく使われる数列の和

等差数列の場合、初項と公差がわかれば一般項や和を簡単に求められることがわかりました。もっと一般的な数列でも同じように計算で和を求めることを考えてみましょう。つまり、

$$
S_n = \sum_{k=1}^{n}(3k - 2)
$$

という式から $\sum$ の計算を簡単にすることを考えます。このように、$\sum$ 記号の中に多項式が登場する場合は、次のように各項に分けて計算した結果を足し合わせることもできます。

$$
\begin{aligned}
S_n &= \sum_{k=1}^{n}(3k - 2) \\
&= \sum_{k=1}^{n}3k - \sum_{k=1}^{n}2 \\
&= 3\sum_{k=1}^{n}k - 2\sum_{k=1}^{n}1
\end{aligned}
$$

このように整理する場面を考えると、$\sum_{k=1}^{n}k$ や $\sum_{k=1}^{n}1$ は頻繁に登場します。そこで、次の式は公式として覚えておくとスムーズに計算できます。

$$\sum_{k=1}^{n} 1 = n$$

$$\sum_{k=1}^{n} k = \frac{1}{2}n(n+1)$$

$$\sum_{k=1}^{n} k^2 = \frac{1}{6}n(n+1)(2n+1)$$

$$\sum_{k=1}^{n} k^3 = \left(\frac{1}{2}n(n+1)\right)^2$$

これを使うと、次のような式も簡単に整理できます。

$$
\begin{aligned}
\sum_{k=1}^{n}(2k^2 + 3k + 4) &= 2\sum_{k=1}^{n} k^2 + 3\sum_{k=1}^{n} k + 4\sum_{k=1}^{n} 1 \\
&= 2 \times \frac{1}{6}n(n+1)(2n+1) + 3 \times \frac{1}{2}n(n+1) + 4n \\
&= \frac{1}{6}n(4n^2 + 15n + 35)
\end{aligned}
$$

▶ 等比数列の和

今度は初項a、公比rの等比数列の和を求めてみましょう。一般項は$a_n = ar^{n-1}$なので、和は次のように表現できます。

$$S_n = a + ar + ar^2 + \cdots + ar^{n-2} + ar^{n-1}$$

この両辺をr倍してみましょう。

$$rS_n = ar + ar^2 + ar^3 + \cdots + ar^{n-1} + ar^n$$

この2つの式で、下の式から上の式を引くと、arからar^{n-1}の部分が同じなので引き算で消えて、次のように整理できます。

$$rS_n - S_n = ar^n - a$$

つまり、次の式で和を計算できます。

$$S_n = \frac{a(r^n - 1)}{r - 1}$$

等比数列がよく使われるのは複利の計算です。たとえば、一定の金額を長期間、投資したときにどれくらい増えるのかを考えてみましょう。

10万円を年利2%で投資すると、1年後には10万2000円になります。2年後には、1年前からの10万2000円に2%の利息がついて10万4040円になります。これを繰り返すと、30年後にはどうなっているでしょうか？

　このような計算には等比数列の一般項が使えます。上記の公式に当てはめてみましょう。初項は10万2000円で、公比は1.02なので、

$$a_n = 102000 \times 1.02^{n-1}$$

です。30年後は、$n = 30$で計算しますので、Excelで「**=102000*POWER(1.02,30-1)**」と入力すると、図6.4のように約18万円と計算できます。単利であれば、10万円の2%は2000円なので、毎年2000円ずつ増えて、30年では合計16万円です。このように、年数を重ねるごとに差が広がっていきます。

▼図6.4　単利と複利の比較

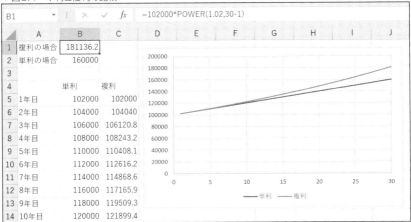

COLUMN　**72の法則**

　元金が2倍になるまでの年利と年数を簡単に求める法則として、**72の法則**が知られています。これは、複利で運用するとき、年利と年数を掛けるとおおよそ72になる、というものです。たとえば、年利2%であれば36年かかる、年利6%であれば12年かかる、と計算できます。逆に、20年で2倍にするには、年利3.6%で運用しなければならないことがわかります。

　投資をする場合、一度に全額投資するのではなく、毎月や毎年積み立てる方法もあります。ここでは、毎年10万円ずつ、年利2%の複利で積み立ててみましょう。この場合は等比数列の和で計算できます。

　初項が10万2000円、公比が1.02なので、次の式で計算できます。

$$S_n = \frac{102000 \times (1.02^n - 1)}{1.02 - 1}$$

ここに $n = 30$ を代入すると、30年後の金額がわかります。

Excelでは「=102000*(POWER(1.02,30)-1)/(1.02-1)」と計算すると、図6.5のように約414万円だと計算できます。

▼図6.5　積立投資における和

毎年10万円なので合計300万円投資したものが、複利で増えることで414万円まで増える、というのが積立投資の効果です。逆にローンを組む場合、期間が長くなれば長くなるほど支払う総額が多くなることも意味しています。

なお、Excelにはこのような金額を簡単に計算できる「財務関数」がいくつも用意されています。たとえば、今回のような積立投資の満期受取額を求める場合は、「FV」という関数が便利です。

FV関数では、1つ目の引数で利率を、2つ目の引数で期間を、3つ目の引数で定期的に支払う金額を、4つ目の引数で現在の金額を、5つ目の引数で支払い期日（期首か期末か）を指定します。今回の場合、「=FV(0.02,30,-100000,0,1)」と入力すると、上記と同じ結果が得られます（図6.6）。

▼図6.6　FV関数

他にも便利な関数がたくさんあるので、ぜひ調べてみてください。

きれいなデザインの背景を知る

　自然界には「最小」や「最適」な状態が計算することなく構成されているものがあります。たとえば、ハチの巣がなぜ六角形でできているのかを考えると、隙間をなくすには正六角形が向いていることが知られています。このような理論を考えると、私たちのビジネスにも生かせるかもしれません。

▌▌▌複数の項の関係を記述〜漸化式

　「全体最適」という言葉がよく使われますが、複数の条件を満たす中で最適なものを探すことはよくあります。ここでは、数列において、複数の項の関係を数式で表現したものを考えてみましょう。

▶フィボナッチ数列

　これまでに登場した等差数列や等比数列では、$a_n = a + (n-1)d$ や $a_n = ar^{n-1}$ のように一般項が n の値だけで決まりました。しかし、一般項を n の値だけで決めるのではなく、複数の項の関係を使って表現する場合もあります。たとえば、直前の2つの項の和によって次の項が決まる数列として**フィボナッチ数列**があります。

$$1,\ 1,\ 2,\ 3,\ 5,\ 8,\ 13,\ 21,\ 34,\ 55,\ \ldots$$

　これを数式で表すと、$a_n = a_{n-1} + a_{n-2}$ となり、このように複数の項の関係を記述した式を**漸化式**といいます。

　漸化式における各項の値を求めるには、Excelを使うと簡単です。フィボナッチ数列を作成する場合、セルA1とセルA2に「1」を格納し、セルA3に「=A1+A2」という式を入れます。これを下方向にコピーすると、フィボナッチ数列を作成できます（図6.7）。

▼図6.7　Excelで作るフィボナッチ数列

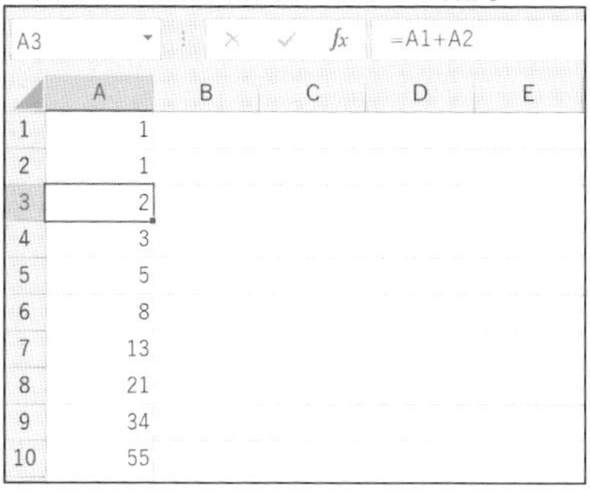

　もちろん、上記のような簡単な漸化式であれば、数学的に一般項を求めることも可能です。たとえば、フィボナッチ数列の一般項は少し複雑ですが、次の式で求められます。

$$a_n = \frac{1}{\sqrt{5}}\left\{\left(\frac{1+\sqrt{5}}{2}\right)^n - \left(\frac{1-\sqrt{5}}{2}\right)^n\right\}$$

しかし、漸化式が複雑になると、一般項を求めることが困難な場合もあります。このような場合は、初項から順に次の項を計算することを繰り返して、a_nの値を求めることもあります。

▶ 確率が関連する漸化式

漸化式と確率を組み合わせたものに**確率漸化式**があります。たとえば、次のようなものがよく使われます。

- 財布Aには1万円札1枚と千円札4枚が、別の財布Bには千円札だけが5枚入っている。
- それぞれの財布から同時に1枚ずつお札を取り出して、入れかえる操作を繰り返す。
- この操作をn回繰り返した後に、財布Aに1万円札が入っている確率をa_nとする。

確率は合計すると1になるので、財布Aに1万円札が入っていない確率は$1 - a_n$で求められます。

一度取り出して入れ替えたとき、財布Aに1万円札が入っている、ということは財布Aから千円札を取り出すことを意味するので$a_1 = \frac{4}{5}$です。同様に、2回繰り返したときを考えてみましょう。この場合は、1回目に1万円札を取り出したときと、それ以外で分けて考えられます。

つまり、1回目に千円札を取り出していると、a_2は財布Aから千円札を取り出した確率だといえます。逆に、1回目に1万円札を取り出していると、a_2は財布Bから1万円札を取り出した確率です。これらを足し算すると、$a_2 = \frac{4}{5} \times \frac{4}{5} + \frac{1}{5} \times \frac{1}{5} = \frac{17}{25}$と求められます。

同様に、$n+1$回目のことを考えます。n回目に財布Aに1万円札が入っていると、a_{n+1}は財布Aから千円札を取り出した確率です。また、n回目に財布Aに1万円札が入っていないと、a_{n+1}は財布Bから1万円札を取り出した確率です。

つまり、次のように整理できます。

$$a_{n+1} = \frac{4}{5}a_n + \frac{1}{5}(1 - a_n) = \frac{3}{5}a_n + \frac{1}{5}$$

これは漸化式だといえます。そして、次のように変形できます。

$$a_{n+1} - \frac{1}{2} = \frac{3}{5}\left(a_n - \frac{1}{2}\right)$$

つまり、$a_n - \frac{1}{2}$は、公比$\frac{3}{5}$の等比数列だと考えられます。よって、この一般項は

$$a_n - \frac{1}{2} = \left(a_1 - \frac{1}{2}\right)\left(\frac{3}{5}\right)^{n-1} = \frac{3}{10}\left(\frac{3}{5}\right)^{n-1}$$

です。したがって、

$$a_n = \frac{3}{10}\left(\frac{3}{5}\right)^{n-1} + \frac{1}{2}$$

となります。

このように、未来の確率が現在の確率によって決まることがあります。天気や株価など、時間によって変わるものは、直近の状況が大きく影響します。このように確率を直前の値との関係で考えることは私たちの身の回りにたくさんあるのです。

無限に続く状態を考える～極限

　将来の姿を思い描くとき、漸化式のように直前との変化を捉えることもありますが、最終的なゴールをイメージすることは重要です。このとき、どのような値に近づくのか、数学的に考える方法を紹介します。

▶黄金比

　フィボナッチ数列をどこまでも続けることを考えてみましょう。そして、隣り合う数の比を計算してみます。

　1, 1, 2, 3, 5, 8, 13, 21, 34, 55, ・・・で始まるので、隣り合う数の比は次のようになります。

$$\frac{1}{1}, \frac{2}{1}, \frac{3}{2}, \frac{5}{3}, \frac{8}{5}, \frac{13}{8}, \frac{21}{13}, \frac{34}{21}, \frac{55}{34}, \cdots$$

これを小数で表すと、次のような数列が得られます。

　1, 2, 1.5, 1.666・・・, 1.6, 1.625, 1.615・・・, 1.619・・・, 1.618・・・, ・・・

　どんどん大きくすると、1.618・・・という値に近づいていくことがわかります。実際には、$\frac{1+\sqrt{5}}{2}$という値です。

　これは**黄金比**といわれ、さまざまなデザインに登場することが知られています。たとえば、「ミロのヴィーナス」や「パルテノン神殿」、「パリの凱旋門」など、設計時に検討されていたかはわかりませんが、芸術的に美しく見えるということでしょう。

　また、植物など自然界にも黄金比が現れることが知られています。たとえば、オウムガイの渦巻きや、ひまわりのタネの配置などが有名です（図6.8、図6.9）。

▼図6.8　フィボナッチ数列の長方形

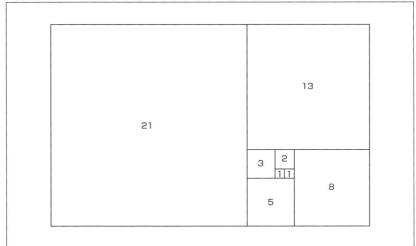

規則性に気付く～数列と極限～

▼図6.9　オウムガイに現れるフィボナッチ数列

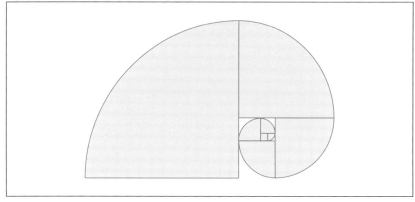

▶ 極限の計算

　項が限りなく続く数列のことを**無限数列**といいます。フィボナッチ数列も無限数列ですし、黄金比を求めた数列も無限数列です。

　黄金比の場合はある値に近づいていきましたが、このような数列のことを**収束する**といいます。つまり、nを限りなく大きくしたときに、a_nが一定の値αに限りなく近づくことを指します。そして、このαを数列a_nの**極限値**といいます。

　このことを次のように書きます。

$$\lim_{n \to \infty} a_n = \alpha$$

　ここで、∞という記号は無限大を意味します。

　一方、nを大きくしても特定の値に収束しない場合があります。たとえば、フィボナッチ数列はどこまでも大きな値になります。このような数列は無限大に**発散する**といい、次のように書きます。

$$\lim_{n \to \infty} a_n = \infty$$

　また、図6.10のように同じ値を交互に繰り返す$a_n = (-1)^n$のような数列は、**振動する**といいます。

▼図6.10　振動する例

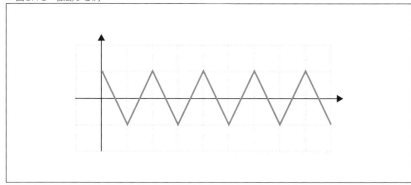

数列の極限については、次の性質が成り立つことが知られています。

$$\lim_{n \to \infty} (a_n + b_n) = \lim_{n \to \infty} a_n + \lim_{n \to \infty} b_n$$

$$\lim_{n \to \infty} a_n b_n = \lim_{n \to \infty} a_n \lim_{n \to \infty} b_n$$

$$\lim_{n \to \infty} k a_n = k \lim_{n \to \infty} a_n \quad （k \text{ は定数}）$$

▶ 無限等比数列の極限

等比数列の場合、公比によって極限が変わります。ここでは、初項が1の場合を考えてみましょう。

公比rが1より大きい場合、どんどん大きくなるため無限大に発散します。

$$\lim_{n \to \infty} r^n = \infty$$

公比rが1のときは常に1です。

$$\lim_{n \to \infty} r^n = 1$$

公比rが$-1 < r < 1$を満たす場合、0に近づきます。

$$\lim_{n \to \infty} r^n = 0$$

また、公比rが$r \leqq -1$のときは振動します。

このような極限の考え方は、nを大きくするときだけでなく、nを限りなく特定の値に近づける、という使い方をする場合もあります。CHAPTER 07でも登場するので、このような表記方法があることを知っておきましょう。

06

規則性に気付く〜数列と極限〜

パターン数を数え上げる

店頭に並べる商品数を増やしたり、メニューに追加できるオプションを増やしたりすると、顧客の選択肢は大幅に増えます。それだけ対応が複雑になりますが、どれくらい選択肢の数が増えるのか考えてみましょう。

順番を意識して並べる〜順列

工場での製造工程や、料理での手順などを考えると、順番が入れ替わると違うものになってしまうことがあります。このように順番が重要な場面でのパターン数を求めることを考えてみましょう。

▶順列

5つの商品から3つ選んで横に並べる場面を思い浮かべて、全部で何通りの並べ方があるか考えてみましょう。このように異なるn個の中からr個を取り出して並べた場合の数を**順列**といい、$_nP_r$のように書きます。最初の1つを取り出すときは何でも構わないのでn通りですが、2つ目は最初に選んだもの以外を取り出すので$n-1$通りです。同様に、3つ目は$n-2$通りとなり、$_5P_3$の場合は$5 \times 4 \times 3 = 60$のように計算できます。

一般的には、次の式で計算できます。

$$_nP_r = n \times (n-1) \times (n-2) \times \cdots \times (n-r+1)$$

Excelで順列を計算するには、「PERMUT[1]」という関数を使います。たとえば、$_5P_3$を計算するには、「=PERMUT(5,3)」のように入力します。nやrをセルに入れて指定すると、図6.11のようにさまざまなパターン数を計算できます。

▼図6.11　Excelでの順列の計算

	C11	▾	⋮	×	✓	f_x	=PERMUT(A11,B11)	
◢	A		B		C	D	E	F
1	n		r		順列			
2	3		1		3			
3	3		2		6			
4	3		3		6			
5	4		1		4			
6	4		2		12			
7	4		3		24			
8	4		4		24			
9	5		1		5			
10	5		2		20			
11	5		3		60			
12	5		4		120			
13	5		5		120			
14								

　[1]：順列を意味する英語permutationの略。

▶ 階乗

5つの商品をすべて横に並べるとき、全部で何通りの並べ方があるか考えてみましょう。このように異なるn個の中からn個を取り出して並べる場合、その場合の数は次のようになり、1からnまでを順に掛けた積です。

$$_n\mathrm{P}_n = n \times (n-1) \times (n-2) \times \cdots \times 1$$

これを$n!$で表現し、**階乗**といいます。たとえば、$5! = 5 \times 4 \times 3 \times 2 \times 1 = 120$です。$n$を1から順に調べると、表6.1のようになり、$n$が大きくなると急速に大きな値になることがわかります。

▼表6.1　階乗の例

n	1	2	3	4	5	6	7	8	9
$n!$	1	2	6	24	120	720	5040	40320	362880

なお、$0! = 1$と定義されています。

この階乗を使うと、先ほどの順列は次のように表現できます。

$$_n\mathrm{P}_r = \frac{n!}{(n-r)!}$$

▶ 重複順列

異なるn個から選ぶとき、同じものを繰り返し取り出してよい場合を考えます。たとえば、サイコロを何度も振る場合を考えてみると、1から6までの目が何度も登場します。

このように重複を許して取り出す順列のことを**重複順列**といいます。異なるn個から重複を許してr個取り出してできる順列を考えると、取り出すときは常にn通りあるため、n^rで求められます。

▐▐ 順番を意識せず並べる～組み合わせ

流れ作業などのように手順が重要な場面を除くと、順番を意識しないことは少なくありません。多くの中からいくつか取り出す場面を考えてみましょう。

▶ 組み合わせ

順列では順番を考慮しますが、順番を区別せずに取り出すものを**組み合わせ**といいます。順番を区別しないため、順列を入れ替えたものは同じだと考えられます。そこで、これを1つとして計算するには、並べ替えたものがいくつあるかを求め、その数で割ります。

たとえば、A、B、C、D、Eの5つのメニューから2つを選ぶ場合、1つ目は5通り、2つ目は残りの4通りなので5×4通りがあります。ただし、1つ目にAを選び2つ目にBを選んだものと、1つ目にBを選び2つ目にAを選んだものは順番を考えなければ同じです。このため、2で割って$5 \times 4 \div 2 = 10$通りだと計算できます。

同様に、異なるn個からr個を選ぶ組み合わせは$_n\mathrm{C}_r$と書き、次のように計算できます。

$$_n\mathrm{C}_r = \frac{_n\mathrm{P}_r}{r!}$$

ここで、$_n\mathrm{P}_r = \frac{n!}{(n-r)!}$を使うと、

$$_n\mathrm{C}_r = \frac{n!}{r!\,(n-r)!}$$

と計算することもできます。

Excelで組み合わせを計算するには、「COMBIN[2]」という関数を使います。たとえば、$_5C_2$を計算するには、「=COMBIN(5,2)」のように入力します。nやrをセルに入れて指定すると、図6.12のようにさまざまなパターン数を計算できます。

▼図6.12　Excelでの組み合わせの計算

C11	▼	× ✓ fx	=COMBIN(A11,B11)			
	A	B	C	D	E	F
1	n	r	組み合わせ			
2	3	1	3			
3	3	2	3			
4	3	3	1			
5	4	1	4			
6	4	2	6			
7	4	3	4			
8	4	4	1			
9	5	1	5			
10	5	2	10			
11	5	3	10			
12	5	4	5			
13	5	5	1			
14						

▶重複組み合わせ

重複順列のときと同様に、重複を許して取り出す組み合わせを考えてみましょう。これを**重複組み合わせ**といいます。

たとえば、千円札と5千円札、1万円札がそれぞれたくさんあったとき、ここから4枚選ぶときのパターンを考えます。選んだ4枚を順に並べてみると、図6.13のようなパターンが考えられます。

▼図6.13　重複組み合わせの例

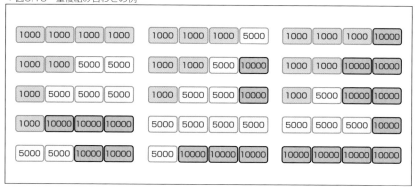

これは、図6.14のように4枚のお札の間に、金額が異なるものを区切るマークを入れる組み合わせを求めることと同じだと考えられます。

　[2]：組み合わせを意味する英語combinationの略。

▼図6.14　重複組み合わせの計算

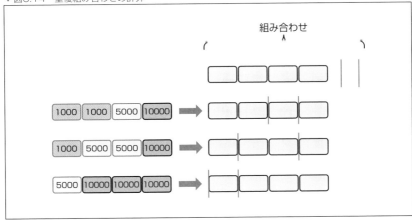

つまり、異なる3個から重複を許して4個を選ぶ重複組み合わせは、6個から4個を選ぶ組み合わせだと考えられます。したがって、異なるn個から重複を許してr個を選ぶ重複組み合わせは${}_n\mathrm{H}_r$と書き、次の式で計算できます。

$$ {}_n\mathrm{H}_r = {}_{n+r-1}\mathrm{C}_r $$

組み合わせで確率を考える～二項定理と二項分布

　組み合わせや順列を使うとパターンがどれだけあるか調べられるため、これを使えば確率にも応用できます。

▶二項定理

　組み合わせが使われる例として、$(a+b)^n$のようなn乗の式を展開する場面があります。nを順に入れてみると、

$$ (a+b)^2 = a^2 + 2ab + b^2 $$
$$ (a+b)^3 = a^3 + 3a^2b + 3ab^2 + b^3 $$
$$ (a+b)^4 = a^4 + 4a^3b + 6a^2b^2 + 4ab^3 + b^4 $$

この各項の係数を見ると、これが${}_n\mathrm{C}_k$になっているのです。つまり、次のように表現できます。

$$ (a+b)^n = \sum_{k=0}^{n} {}_n\mathrm{C}_k \, a^{n-k} b^k $$

これを**二項定理**といいます。

▶二項分布

「サイコロを10回振ったときに1の目が4回出る確率」を求めることを考えてみましょう。1の目が出る順番を考える必要はありませんので、組み合わせを使います。つまり、10回のうち4回、というのは$_{10}C_4$となります。

また、1の目が出る確率は$\frac{1}{6}$で、1以外の目が出る確率は$\frac{5}{6}$です。このことから、「サイコロを10回振ったときに1の目が4回出る確率」は次の式で求められます。

$$_{10}C_4 \times \left(\frac{1}{6}\right)^4 \times \left(\frac{5}{6}\right)^6$$

一般に、確率pで起きるものを、n回実行したときにr回発生する確率は、次の式で求められます。

$$_nC_r \times p^r (1-p)^{n-r}$$

この発生する回数の分布を調べたものを**二項分布**といいます。たとえば、「コインを投げて表が出る」のように、確率$\frac{1}{2}$の場合、コインを投げる回数を増やしていくと、図6.15のような分布になります。ここでは、横軸に表が出た回数、縦軸に確率を表しています。

▼図6.15 二項分布

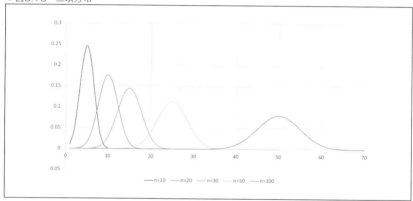

このとき、期待値$E(X)$と分散$V(X)$を求めてみましょう。たとえば「サイコロを10回振ったときに1の目が4回出る確率」であれば、Excelで図6.16のような表を作成できます。

▼図6.16 二項分布の期待値と分散

この表を見ると、期待値は1.6666・・・、分散は1.38888・・・であることがわかります。一般に、期待値と分散は次のように求められることが知られています。

$$E(X) = np, \quad V(X) = np(1-p)$$

▶ ポアソン分布

ある製品を製造している工場で、不良品がどのくらい含まれるのか調べることを考えてみましょう。たとえば、10000個製造し、100個取り出したときに不良品が1個出る確率、のように考えられます。これは二項分布に従うと考えられます。

不良品が発生する確率が$p = \dfrac{1}{500}$の場合、100個取り出すと、その期待値は

$$\lambda = 100 \times \frac{1}{500} = \frac{1}{5} = 0.2$$

です。つまり、100個取り出すと0.2個くらいの割合で不良品が見つかる、といえます。

ここで、100個取り出したときに、不良品がいくつ出るか、その確率の分布を考えてみましょう。不良品がk個出る確率は、二項分布の式より次のように求められます。

$$P(X = k) = {}_{100}C_k \times \frac{1}{500}^k \left(1 - \frac{1}{500}\right)^{100-k}$$

ただし、この式を計算するのは大変です。今回は100個でしたが、これが1000、10000と増えていくと、膨大な計算が必要になります。

そこで、これを近似したものとして**ポアソン分布**があります。ポアソン分布とは「ある期間に平均λ回起こる現象が、ある期間にk回起きる確率の分布」のことです。この確率は次のように計算できます。

$$\frac{e^{-\lambda}\lambda^k}{k!}$$

ここで、λは二項分布での期待値npのことです。二項分布でnが十分に大きく、確率pが非常に小さい場合、このポアソン分布で近似できることが知られています。

実際にExcelで試してみましょう（図6.17）。ここでは、$k = 0$から$k = 10$まで調べていますが、かなり近い値が得られていることがわかります。このように、簡単な式で計算できることはメリットだといえます。

▼ 図6.17　二項分布とポアソン分布の比較

	B2	fx	=COMBIN(100,B1)*POWER(1/500,B1)*POWER(1-1/500,100-B1)									
	A	B	C	D	E	F	G	H	I	J	K	L	M
1	X	0	1	2	3	4	5	6	7	8	9	10	
2	二項分布	0.8185668	0.16404144	0.01627265	0.00106528	5.1769E-05	1.9919E-06	6.3204E-08	1.7009E-09	3.9625E-13	8.1173E-13	1.4803E-14	
3	ポアソン分布	0.81873075	0.16374615	0.01637462	0.00109164	5.4582E-05	2.1833E-06	7.2776E-08	2.0793E-09	5.1983E-11	1.1552E-12	2.3104E-14	

今回は$\lambda = 0.2$のときでしたが、このλが変わると、そのグラフは図6.18のように変わります。これは二項分布の形に似ていると感じるのではないでしょうか。

また、λが大きくなればなるほど正規分布に近づくことが知られています。

▼図6.18　ポアソン分布の変化

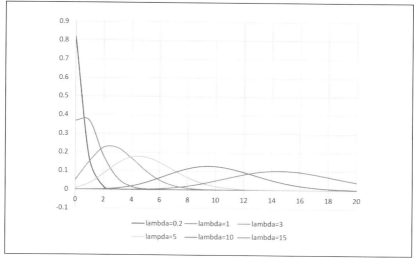

　ポアソン分布は、ビジネスの現場でもよく登場します。たとえば、ショッピングサイトを運営していると、どれくらいの人が商品を購入してくれるのか気になるでしょう。このような場合も、訪問者のうち何人が商品を購入するのかを考えると、ポアソン分布に従うことが想像できます。

06

規則性に気付く〜数列と極限〜

CHAPTER 07

微分とその応用

長期の変化を短期の変化から予測する

　ビジネスの現場では、最初から目標の形が実現できるとは限らず、少しずつ調整する必要があります。このとき、時系列に沿って過去の履歴を調べるにはデータを細かく分けて変化を捉える考え方が求められます。

グラフの接線の傾きを求める〜微分

　曲線のグラフを考えると、その変化を見るには各点における傾きを考える方法があります。ここでは接線を引く方法について紹介します。

▶接線の「傾き」とは

　CHAPTER 03で紹介した$y = x^2$のグラフ（図7.1）を見ると、最小値の近くでグラフがx軸と平行に近くなっていることに気付きます。この付近について、グラフの値がどのように変化しているのか、もう少し詳しく見てみましょう。

▼図7.1　（再掲）$y = x^2$の対応表とグラフ

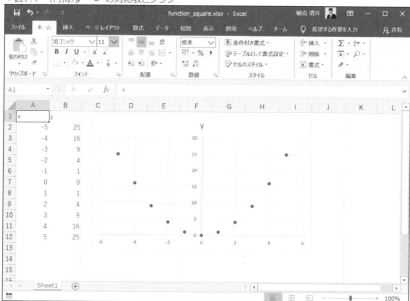

　$y = x^2$のグラフを作るときに作成した対応表から、y座標がどのように変化しているのか調べます。対応表におけるx座標の間隔の部分で、y座標がどのように変化しているのかを矢印で示すと、表7.1のようになりました。

▼表7.1　対応表とy座標の変化

x	$\cdots$	-3	$\cdots$	-2	$\cdots$	-1	$\cdots$	0	$\cdots$	1	$\cdots$	2	$\cdots$	3	$\cdots$
y	↘	9	↘	4	↘	1	↘	0	↗	1	↗	4	↗	9	↗

x座標をいくつか指定して変化を調べると、グラフがどのあたりで反転しているのか、その形がわかります。今回の場合は変化の矢印が下がっているところから上がっているところに切り替わる点が最小値です。

そこで、このグラフの傾向が切り替わる点を求めるには、どうやって計算すればよいのかを考えます。

たとえば、関数上の2点をいくつか選び、その2点間のxとyの変化量を調べると、切り替わる点がわかりそうです。これを2点間の傾きといい、CHAPTER 03で解説した1次関数のときと同様に$\frac{y \text{ の増加量}}{x \text{ の増加量}}$で求められます。

2次関数のグラフは直線ではありませんので、グラフ上の傾きではなく、2点間の傾きだけを求めています。「グラフの傾き」というよりは「接線の傾き」を求めることが目的です。

 極限を使って傾きを求める

図7.2のようなグラフになる関数$f(x)$があったとき、選ぶ2点間の水平距離をhとすると、$x = a$からの傾きは次の式で求められます。

$$\frac{y \text{ の増加量}}{x \text{ の増加量}} = \frac{f(a+h) - f(a)}{(a+h) - a} = \frac{f(a+h) - f(a)}{h}$$

▼ 図7.2　傾きを求める

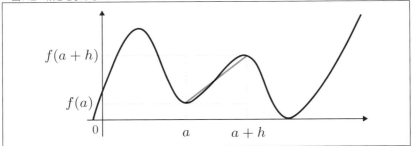

このx軸の水平方向の間隔hを狭くしていくことで、$x = a$における接線の傾きを求めることを考えます。この$x = a$における接線の傾きを求めるために、水平方向の間隔をできるだけ0に近づけてみます。

CHAPTER 05の数列でも極限を使い、無限大の場合を考えましたが、微分するときには特定の値に限りなく近づけることを考えます。ここでは、分母のhを0に近づけてみましょう。

$$\lim_{h \to 0} \frac{f(a+h) - f(a)}{h}$$

ここで、hに0を代入してしまうと分母が0になってしまうので、「0に近づける」ことが大切です。この式は、横方向の幅を限りなく0に近づけており、ほぼ$x = a$に重なります。そこで、この値を$x = a$における**微分係数**といい、この微分係数を求める操作を**微分**といいます。

グラフ上のさまざまな点xに対して微分係数を求めると、これも関数となり、すべての点における傾きをxの関数として表したものを**導関数**といいます。微分係数が各点における接線の傾きを表すため、選ぶx座標によって傾きが変わり、これを関数として考えるわけです。

そこで、関数$y = f(x)$の導関数をy'や$f'(x)$のように表現します。yのxについての導関数であることを明確にするために、$\frac{dy}{dx}$や$\frac{d}{dx}f(x)$、$\frac{df}{dx}$のように書くこともあります。

実際に$f(x) = x^2$について考えると、

$$\frac{f(x+h) - f(x)}{h} = \frac{(x+h)^2 - x^2}{h} = \frac{2hx + h^2}{h} = 2x + h$$

なので、導関数は

$$f'(x) = \lim_{h \to 0} \frac{f(x+h) - f(x)}{h} = 2x$$

となります。これを使うと、$x = 0$のときの微分係数$f'(0)$は0、$x = 1$のときの微分係数$f'(1)$は2だと計算できます。微分係数はグラフにおける接線の傾きを表すため、グラフを描く前にこの微分係数を使うと、ざっくりとしたグラフの形がわかります。

実際に、$x = -1,\ 0,\ 1$のときに、Excelでhを0に近づけると、図7.3のように計算できます。

▼図7.3　傾きの変化

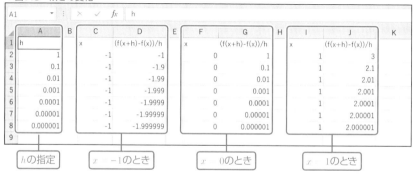

このように、微分係数が$x = -1$では-2に、$x = 0$では0に、$x = 1$では2に少しずつ近づいていることがわかります。

▶増減表を作成する

グラフの形を考えるときに必要なのは、傾きが右肩下がりから右肩上がりに反転するのか、といった情報です。この反転する場所などを整理したものを**増減表**といい、傾きが0の地点の前後で傾き（微分係数）の値の増減をプラスとマイナスの記号で記述します。

たとえば、$y = x^2$について考えると、$y' = 2x$なので、傾きが0になるのは$x = 0$のときです。そこで、$x = 0$の前後で傾きの正負を調べると、増減表は表7.2のように作成できます。

▼表7.2　$y = x^2$の増減表

x	$\cdots$	0	$\cdots$
y'	$-$	0	$+$
y	$\searrow$	0	$\nearrow$

▶微分の計算

$y = x^2$ の導関数は $y' = 2x$ と求められました。一般に、$y = x^n$ の形の関数に対する導関数は $y' = nx^{n-1}$ で求められます。つまり、次数を係数として掛け算し、次数を1つ減らすのです。

たとえば、次のように求められます。

$$y = x^3 \quad \Rightarrow \quad y' = 3x^2$$

$$y = x^4 \quad \Rightarrow \quad y' = 4x^3$$

また、多項式の場合は、それぞれの項について微分して導関数を求められます。

$$y = x^4 + x^3 + x^2 + x + 1 \quad \Rightarrow \quad y' = 4x^3 + 3x^2 + 2x + 1$$

この計算方法を知っておくと、極限の $\lim$ を使うことはほとんどありません。

▶微分できない場所

ここまで、関数の微分について見てきましたが、どんな関数でも必ず微分できるわけではありません。たとえば、有名な例として $y = |x|$ があります。これは x の絶対値を返す関数で、図7.4のようなグラフを描けます。

▼図7.4　$y = |x|$ のグラフ

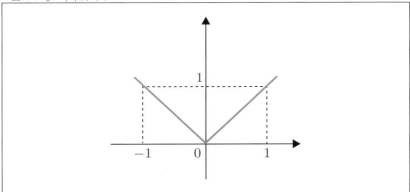

この関数を $x = 0$ で微分してみましょう。$x > 0$ の範囲で0に近づけていくと $y = x$ なので傾きは1ですが、$x < 0$ の範囲で0に近づけていくと $y = -x$ なので傾きは -1 です。つまり、$x = 0$ での傾きは定義できません。

このように、接線の傾きが1通りに定まらない場合は微分できません。また、連続していない（途中でグラフが途切れている）関数も、途切れているところでは微分できません。

最小値や最大値を求める〜変曲点

微分を使う理由として、増減表を使って関数の最小値や最大値を求められることが挙げられます。その求め方を知っておきましょう。

▶ 極大値、極小値

傾きが切り替わる点の近くでは局所的にyの値が一番大きく（もしくは小さく）なります（図7.5）。このように近くだけで大きくなることを**極大**といい、そのときの値を**極大値**といいます。同様に、近くだけで小さくなることを**極小**といい、そのときの値を**極小値**といいます。

▼図7.5 極大値、極小値

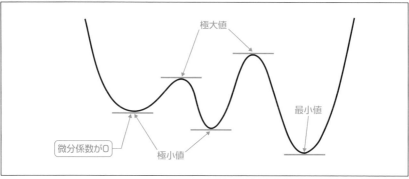

このように、極大値や極小値を求めるときは、微分して微分係数が0になるxの値を調べ、増減表を作成します。たとえば、$y = x^4 - 2x^2 + \frac{1}{2}$という関数を考えてみましょう。この場合、微分すると$y' = 4x^3 - 4x = 4x(x+1)(x-1)$となり、これが0になるのは$x = -1,\ 0,\ 1$のときです。

つまり、増減表は表7.3のように、グラフは図7.6のようになります。

▼表7.3 $y = x^4 - 2x^2 + \frac{1}{2}$の増減表

x	$\cdots$	-1	$\cdots$	0	$\cdots$	1	$\cdots$
y'	$-$	0	$+$	0	$-$	0	$+$
y	↘	$-\frac{1}{2}$	↗	$\frac{1}{2}$	↘	$-\frac{1}{2}$	↗

▼図7.6 $y = x^4 - 2x^2 + \frac{1}{2}$のグラフ

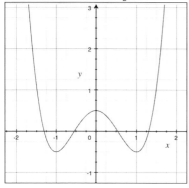

　なお、微分係数が0になっても、増加から減少、もしくは減少から増加に転じる点でなければ極大値や極小値にはなりません。たとえば、$y = x^3$のグラフを考えると、表7.4のように$x = 0$において微分係数は0になりますが、これは極大値でも極小値でもありません（図7.7）。

▼表7.4　$y = x^3$の増減表

x	$\cdots$	0	$\cdots$
y'	$+$	0	$+$
y	↗	0	↗

▼図7.7　$y = x^3$のグラフ

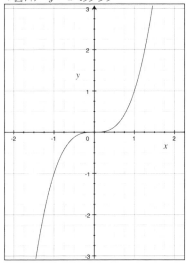

　このように、傾きが大きく変わる点のことを**変曲点**といいます。

▶ 最大値、最小値

　極大値や極小値は部分的に大きい、もしくは小さい値ですが、全体の中で最も大きい値を最大値、最も小さい値を最小値といいます。

　極大値や極小値がわかっていれば、xの定義域をもとに、最大値や最小値を求められます。たとえば、上記の$y = x^4 - 2x^2 + \frac{1}{2}$という関数の場合、$-1 \leqq x \leqq 2$での最大値は$\frac{17}{2}$、最小値は$-\frac{1}{2}$です。

▌複雑な関数を微分する～合成関数の微分

簡単に微分できる関数の場合は、増減表を作成するのも難しくないのですが、実際に使われる関数はこのように簡単なものだけとは限りません。そこで、複雑な関数の微分について考えてみます。

▶合成関数と連鎖律

複数の関数を組み合わせた関数のことを**合成関数**といいます。たとえば、$f(x) = (x + 3)^2$という関数は、$g(x) = x + 3$という関数と$f(x) = \{g(x)\}^2$という関数を組み合わせた関数だと考えられます。

このような関数を微分することを考えてみましょう。今回のような簡単な関数であれば、次のようにもとの関数を展開してから微分する方法も考えられます。

$$
\begin{aligned}
f(x) &= (x + 3)^2 \\
&= x^2 + 6x + 9 \\
\frac{df}{dx} &= 2x + 6
\end{aligned}
$$

しかし、合成関数の場合、それぞれの導関数を掛け算して全体の導関数を求められます。これを**連鎖律**といいます。つまり、

$$
\frac{df}{dx} = \frac{df}{dg} \cdot \frac{dg}{dx}
$$

という関係が成り立ちます。

ここで、前半の$\frac{df}{dg}$は関数$f(x) = \{g(x)\}^2$を$g(x)$で微分するので、

$$
\frac{df}{dg} = 2g(x)
$$

です。後半の$\frac{dg}{dx}$は関数$g(x) = x + 3$をxで微分するので、

$$
\frac{dg}{dx} = 1
$$

となります。これらを合わせると、

$$
\begin{aligned}
\frac{df}{dx} &= 2g(x) \times 1 \\
&= 2(x + 3) \\
&= 2x + 6
\end{aligned}
$$

と整理できます。そして、展開してから微分したものと比べると結果が一致していることがわかります。

今回の場合は簡単な関数なのでそれほど手間は変わりませんが、複雑な関数になると合成関数の微分には連鎖律を使う方が簡単に計算できます。この後で紹介する機械学習ではよく使う考え方なので、覚えておきましょう。

▶ 特殊な関数の微分

$y = 4x^3$ のような多項式の関数であれば、$y' = 12x^2$ と簡単に微分できましたが、本書では他にも三角関数や指数関数、対数関数などを紹介しました。これらについての微分を考えてみましょう。

たとえば、$y = e^x$ という指数関数を微分してみます。導関数の定義より、$y = f(x)$ の導関数は次の式で求められます。

$$y' = \lim_{h \to 0} \frac{f(x+h) - f(x)}{h}$$

この式に、$f(x) = e^x$ を代入すると、次のように整理できます。

$$
\begin{aligned}
y' &= \lim_{h \to 0} \frac{e^{x+h} - e^x}{h} \\
&= \lim_{h \to 0} \frac{e^x(e^h - 1)}{h} \\
&= e^x \lim_{h \to 0} \frac{e^h - 1}{h} \\
&= e^x
\end{aligned}
$$

この最後の部分には、自然対数 e の定義である

$$\lim_{h \to 0} \frac{e^h - 1}{h} = 0$$

という式を使っています。他の関数についても、同じように導関数の定義から求められますが、ここでは結果だけ記載しておきます。

$$
\begin{aligned}
y = e^x &\quad \Rightarrow \quad y' = e^x \\
y = a^x &\quad \Rightarrow \quad y' = a^x \log a \\
y = \log x &\quad \Rightarrow \quad y' = \frac{1}{x} \\
y = \sin x &\quad \Rightarrow \quad y' = \cos x \\
y = \cos x &\quad \Rightarrow \quad y' = \sin x
\end{aligned}
$$

受験以外ではこれらの式を覚えておく必要はありませんが、このような関数でも微分できることを知っておきましょう。

複数の変数に対して微分する

ここまではyがxの関数である場合の微分について考えてきましたが、変数はxだけとは限りません。複数の変数が存在する関数も考えられますので、多くの変数に対して微分することを考えてみましょう。

空間での傾きを考える〜偏微分と勾配ベクトル

複数の変数に対する傾きを考えると、それぞれの傾きを計算し、ベクトルで扱う方法が便利そうです。それぞれの変数に対する傾きの計算方法と、その扱い方を紹介します。

▶ 偏微分

1変数の関数の場合、対象の変数xに対してx座標の間隔を限りなく0に近づけるだけで、単純に計算できました。しかし、変数が2つ以上ある多変数関数の場合、それぞれのパラメータごとに間隔を0に近づけることを考えなければなりません。このとき、微分して求められる傾きも方向も異なります。

そこで、式で使われている複数の変数の中から微分する変数を1つ指定し、その他の変数を定数として扱って微分する方法を**偏微分**といいます。そして、すべての変数について、その値を求めます。

たとえば、複数の変数を持つ関数として、次の関数を考えてみましょう。

$$f(x, y) = x^2 + 3xy + 2y^2$$

この関数は図7.8のような空間上のグラフです。

▼図7.8　$f(x, y) = x^2 + 3xy + 2y^2$のグラフ

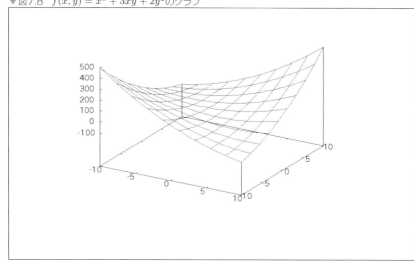

この関数において、xとyの両方について、いずれか1つを変数と考えた導関数を求めることで、それぞれの点における微分係数を計算します。つまり、この関数に登場する変数x, yに対して、それぞれ偏微分するのです。

xの関数として微分するには、yのような他の変数を数字と同じような定数として考えます。つまり、$f(x, y)$をxで微分すると、次のような導関数が求められます。

$$\frac{\partial f}{\partial x} = 2x + 3y$$

このように、偏微分は∂という記号を使って表現します。偏微分では、残りの変数を定数とみなすだけで、微分の計算方法は同じです。

同様に、これをyの関数とみたとき、xを数字と同じような定数として考えてyで偏微分すると、次のような導関数が求められます。

$$\frac{\partial f}{\partial y} = 3x + 4y$$

つまり、x, yのそれぞれに着目した導関数が2つ求まります。

▶ 多変数関数で最小値を求める

変数が1つの場合には、最大値や最小値を求めるために、微分して微分係数が0になるxの値を調べました。今回のように変数が複数ある多変数関数の場合も同様に、偏微分して微分係数が0になる変数の値を調べます。

たとえば、$z = f(x,y)$の場合、最小値を求めるときに使われる条件は次の通りです。

$$\frac{\partial f}{\partial x} = 0, \quad \frac{\partial f}{\partial y} = 0$$

これは、あくまでも傾きが0になる点で極大値や極小値を求めるだけなので、必ずしも最大値や最小値になるとは限りません。

ただし、この式を満たす場合のいずれかが最小値になる、と考えるとこの式を解くことで、答えに近づけそうです。

回帰分析の計算～偏微分の応用

偏微分を使う例として、CHAPTER 03で紹介した回帰分析について、その計算方法を考えてみましょう。手作業で計算するには微分を使う必要がありますので、その計算方法を解説します。

▶ 残差を最小にする

回帰分析は、回帰直線と実際のデータとのズレである残差を最小にすることが必要でした。ここでは、回帰直線の式を$y = ax + b$とし、実際のデータを(x_1, y_1), (x_2, y_2), ..., (x_n, y_n)とします（図7.9）。

▼図7.9 回帰分析での残差

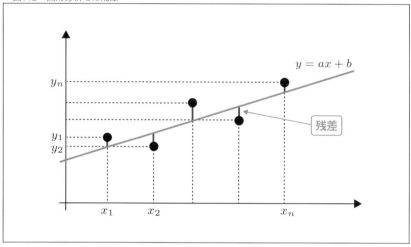

残差を2乗して合計したものをEとすると、次の式で求められます。

$$E = \sum_{k=1}^{n} (y_k - (ax_k + b))^2$$

これを**残差平方和**といい、この式の値を最小にするa, bを求める方法を**最小二乗法**といいます。微分したときに2乗の係数が出てきますので、事前に右辺を$\frac{1}{2}$倍しておきます（最小になるa, bを求めるだけなので、$\frac{1}{2}$倍しても影響はありません）。

$$E = \frac{1}{2} \sum_{k=1}^{n} (y_k - (ax_k + b))^2$$

この式をaとbでそれぞれ偏微分してみます。

$$\frac{\partial E}{\partial a} = \sum_{k=1}^{n} (y_k - (ax_k + b))(-x_k)$$

$$\frac{\partial E}{\partial b} = \sum_{k=1}^{n} (y_k - (ax_k + b))(-1)$$

それぞれを0とおくと、bで偏微分した式は次のように変形できます。

$$\sum_{k=1}^{n} (y_k - (ax_k + b)) = 0$$

$$\sum_{k=1}^{n} b = \sum_{k=1}^{n} y_k - \sum_{k=1}^{n} ax_k$$

$$bn = \sum_{k=1}^{n} y_k - a \sum_{k=1}^{n} x_k$$

$$b = \frac{1}{n} \sum_{k=1}^{n} y_k - \frac{a}{n} \sum_{k=1}^{n} x_k$$

ここで、x_1からx_nの平均を$\bar{x}$、y_1からy_nの平均を$\bar{y}$とすると、

$$\bar{x} = \frac{1}{n} \sum_{k=1}^{n} x_k, \quad \bar{y} = \frac{1}{n} \sum_{k=1}^{n} y_k$$

なので、上記の式は次のように整理できます。

$$b = \bar{y} - a\bar{x}$$

同様に、aで偏微分した式も整理してみます。

$$\sum_{k=1}^{n} (y_k - (ax_k + b))(-x_k) = 0$$

$$a \sum_{k=1}^{n} x_k^2 + b \sum_{k=1}^{n} x_k = \sum_{k=1}^{n} x_k y_k$$

$$a \sum_{k=1}^{n} x_k^2 + nb\bar{x} = \sum_{k=1}^{n} x_k y_k$$

この式に、上記のbを代入すると、

$$a \sum_{k=1}^{n} x_k^2 + n(\bar{y} - a\bar{x})\bar{x} = \sum_{k=1}^{n} x_k y_k$$

となります。整理すると、次のようになります。

$$a = \frac{\displaystyle\sum_{k=1}^{n} x_k y_k - n\bar{x}\bar{y}}{\displaystyle\sum_{k=1}^{n} x_k^2 - n\bar{x}^2}$$

ここで、平均は合計を個数で割ったものなので、次の式が成り立ちます。

$$n\bar{x}\bar{y} = \bar{y}\sum_{k=1}^{n} x_k = \bar{x}\sum_{k=1}^{n} y_k$$

これを使うと、aを求める式の分子は次のように変形できます[1]。

$$
\begin{aligned}
\sum_{k=1}^{n} x_k y_k - n\bar{x}\bar{y} &= \sum_{k=1}^{n} x_k y_k - n\bar{x}\bar{y} + n\bar{x}\bar{y} - n\bar{x}\bar{y} \\
&= \sum_{k=1}^{n} x_k y_k - \bar{y}\sum_{k=1}^{n} x_k + \sum_{k=1}^{n} \bar{x}\bar{y} - \bar{x}\sum_{k=1}^{n} y_k \\
&= \sum_{k=1}^{n} (x_k - \bar{x})(y_k - \bar{y})
\end{aligned}
$$

同様に分母も変形すると、aは次の式で求められることがわかります。

$$a = \frac{\displaystyle\sum_{k=1}^{n} (x_k - \bar{x})(y_k - \bar{y})}{\displaystyle\sum_{k=1}^{n} (x_k - \bar{x})^2}$$

実際に、CHAPTER 03で使った例で計算してみましょう。xとyの平均を求め、それぞれの値と平均との差を計算します。その上で、上記のaの計算式に当てはめます。

同様に、計算できたaを使って、bも上記の式で求められます。すると、図7.10のように計算できました。

▼図7.10　回帰分析での係数を計算

	A	B	C	D	E	F	G	H	I	J	K	L	M
1	x	y			xの平均との差	yの平均との差		(xの平均との差)*(yの平均との差)	(xの平均との差)^2				
2	-10	-6			-9.375	-5.875		55.078125	87.890625				
3	-7	-4			-6.375	-3.875		24.703125	40.640625				
4	-5	-2			-4.375	-1.875		8.203125	19.140625				
5	-2	-1			-1.375	-0.875		1.203125	1.890625				
6	0	1			0.625	1.125		0.703125	0.390625				
7	3	2			3.625	2.125		7.703125	13.140625				
8	6	4			6.625	4.125		27.328125	43.890625				
9	10	5			10.625	5.125		54.453125	112.890625		a=	0.56076592	
10	平均	-0.625	-0.125				合計	179.375	319.875		b=	0.2254787	
11													

CHAPTER 03の図3.12でグラフ中に表示した計算式と、同じ値が得られていることがわかります。普段はExcelの機能を使うだけで十分ですが、このように計算の背景を知っておくと、この後で解説する機械学習など他の分野にも応用できるのです。

　[1]：これは高度な式変形なので、理解できなくても「こういうものだ」という程度の理解で十分です。

▶重回帰分析での計算

上記の回帰分析で使われる変数は x だけで、式も $y = ax + b$ のように簡単なものでした。しかし、実務に使うデータでは変数が1つだけということはほとんどありません。たとえば、腹囲と中性脂肪、血圧などからメタボだと診断するように、複数の値から予測する方法はよく使われます。

そこで、変数を $x,\ y,\ z$ として、式を $f(x) = ax + by + cz + d$ のように表す場面を考えてみましょう。このような複数の変数がある式に対して回帰分析を行うことを**重回帰分析**といいます。

変数は3つとは限らず、さらに多い場合も考え、係数と変数をベクトルでまとめて、関数をベクトルの内積で表現することにします。$\boldsymbol{a} = (a, b, c, d),\ \boldsymbol{x} = (x, y, z, 1)$ という2つのベクトルを用意すると、上記の式は $f(x) = \boldsymbol{a} \cdot \boldsymbol{x}$ と書けます。

実際には、$\boldsymbol{\beta} = (\beta_0, \beta_1, \beta_2, \ldots, \beta_k),\ \boldsymbol{x} = (1, x_1, x_2, \ldots, x_k)$ のように添字をつけた変数で表現すると、変数の数に関係なく同じ式で表現できます。そして、与えられたデータのうち、i 番目のデータを $\boldsymbol{x}_i = (1, x_{i1}, x_{i2}, \ldots, x_{ik})$、それに対応する値を y_i とすると、その誤差は最小二乗法を使って次のように表現できます。

$$E = \frac{1}{2} \sum_{i=1}^{n} (y_i - \boldsymbol{\beta} \cdot \boldsymbol{x}_i)^2$$

このように考えると、重回帰分析でも通常の回帰分析と同じように求められそうです。CHAPTER 04で紹介したロジスティック回帰分析でも同様に、計算式は複雑ですが、微分して求める方法が使われます。

人工知能や機械学習での事例を知る

　微分の考え方が注目される例として、最近話題の人工知能があります。どのような場面で微分が使われるのか、その考え方を紹介します。

▌正解との差を最小にする〜損失関数と勾配降下法

　機械学習ではデータをもとに学習しますが、与えられたデータから分析した結果と正解との差を最小にすることを考えます。このように最小にすることは、回帰分析での係数を決めるときと同じように考えられます。

▶ 教師あり学習

　機械学習の中でも、教師あり学習について考えてみましょう。CHAPTER 01でも紹介したように、教師あり学習とは、人間が正解を用意しておく方法でした。教師あり学習では出力結果と正解データとの誤差を最小にするようなパラメータを求めます。入力がx_1, x_2、パラメータがw_1, w_2のとき、出力を$y = w_1 x_1 + w_2 x_2$で計算したとします（図7.11）。

▼図7.11　教師あり学習での考え方

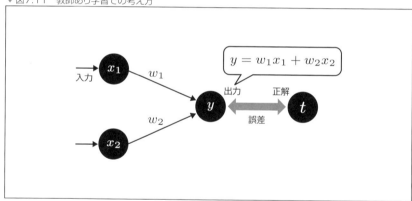

　正解データがtのとき、誤差は$y - t$で求められます。たとえば、身長と体重という2つの入力に対し、肥満かどうかを表す正解データが与えられたとします。上記の計算をした結果、正解データとの誤差を最小にするw_1, w_2を求めるのです。

　これをすべての入力（すべての人についての身長と体重、肥満かどうかのデータ）に対して最小にすることを考えます。上述の回帰分析と同様に、最小二乗法で解くことを考えると、誤差は次のような式で表されます。

$$E = \frac{1}{2} \sum_{k=1}^{n} (y_k - (w_1 x_{k1} + w_2 x_{k2}))^2$$

　このような関数を**損失関数**や**誤差関数**といいます。この関数を最小化する重みを求められれば、学習が完了したことになります。

▶ 勾配ベクトル

単純な回帰分析であれば、偏微分した式を変形して計算できるのですが、変数の数が増えると大変です。たとえば、機械学習で登場する式は非常に複雑になります。

そこで、計算で解くのではなく、コンピュータを使って最小値が得られるまでシミュレーションする方法が考えられます。よく使われる方法として**勾配降下法**があります。これは、与えられた関数から最小値を直接求めるのではなく、グラフ上で値が小さくなる方向に少しずつ移動します。

たとえば、偏微分のところで紹介した$f(x, y) = x^2 + 3xy + 2y^2$という関数を考えてみます。これを$x$と$y$で偏微分すると、次の傾きが得られました。

$$\frac{\partial f}{\partial x} = 2x + 3y, \quad \frac{\partial f}{\partial y} = 3x + 4y$$

この2方向の傾きをペアにして考え、ベクトルとして解釈してみましょう。つまり、それぞれをx軸方向とy軸方向の大きさと見て、矢印の方向を考えるのです。これを**勾配ベクトル**といいます。

この関数のグラフを上から見ると、図7.12のように勾配ベクトルを平面に表現できます。

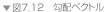

▼図7.12　勾配ベクトル

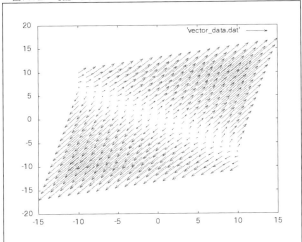

このベクトルが大きい、つまり矢印が長い部分ほど角度が急な勾配であることを示しています。今回は2方向の傾きをベクトルとして考えましたが、ベクトルで考えることで、変数の数が増えても1つのベクトルとして扱えます。

▶ 勾配降下法

変数の数が増えても勾配ベクトルの傾きを考えるだけで、最小値のある方向を想像できます。これ以上動けなくなる場所まで移動すると、その場所が最小値だと考えられます（もちろん、極小値になっている可能性もあります）。

想像しやすいように1変数の関数で考えると、図7.13のように動きます。傾き（勾配）に沿って最小値の場所まで下っていくので、**勾配降下法**というのです。

▼図7.13　勾配降下法のイメージ

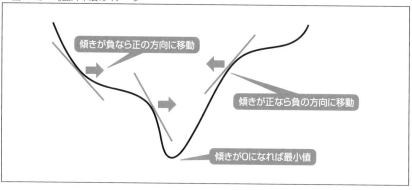

関数を$f(x)$とし、xから少しだけ動かした場所$(x + \Delta x)$の間の傾きを考えると、微分のときと同様に次の式で求められます。

$$f'(x) = \frac{f(x + \Delta x) - f(x)}{\Delta x}$$

ここで、Δxは非常に小さな数を表します。

この式を変形すると、$f(x + \Delta x) = f(x) + f'(x)\Delta x$となります。同様に、2変数の場合を考えると、次の式が成り立ちます。これは移動先の値が、現在の位置の値からどれくらい変わったかを表しています。移動先の値ができるだけ小さくなる方向に移動させたいものです。

$$f(x + \Delta x, y + \Delta y) = f(x, y) + \frac{\partial f}{\partial x}\Delta x + \frac{\partial f}{\partial y}\Delta y$$

ここで、右辺に登場する$\frac{\partial f}{\partial x}\Delta x + \frac{\partial f}{\partial y}\Delta y$に注目します。これは、次の2つのベクトルの内積だと考えられます。

$$\left(\frac{\partial f}{\partial x}, \frac{\partial f}{\partial y}\right), \ (\Delta x, \Delta y)$$

ここで、ベクトルの内積の特徴を思い出してみましょう。CHAPTER 05で紹介したように、ベクトルを反対の方向にすれば内積が最小になります。

つまり、座標(x, y)から座標$(x + \Delta x, y + \Delta y)$に向けて、それぞれ$\Delta x, \Delta y$だけ動かすとき、上記の2つのベクトルを正反対の向きにすれば、移動先の値をより小さくできます。そこで、どのくらい動かせばいいのか、正の小さな整数ηを使って、次の式で動かす量を求められます。

$$(\Delta x, \ \Delta y) = -\eta\left(\frac{\partial f}{\partial x}, \ \frac{\partial f}{\partial y}\right)$$

このηは機械学習において**学習係数**といいます。この値を小さくすると細かく移動するため、傾きが0に近い部分では収束しやすい一方で、局所解に陥りやすいという特徴があります。この値を大きくすると大きく移動するため、局所解に陥る可能性を減らすことができますが、なかなか収束しない場合もあります（図7.14）。

▼図7.14　学習係数の大きさによる違い

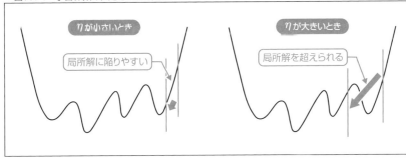

この学習係数をどれくらいに設定するのかは難しい問題で、解きたい問題に応じて試行錯誤が必要です。これを調整しながら、損失関数を最小にする重みを求められれば、学習できたことになります。

ベクトルと行列で脳を表現する～ニューラルネットワーク

　機械学習を実現する方法はこれまでにいくつも考えられてきました。その中でも、現在よく使われている方法を紹介し、その数学的な理論を解説します。

▶ ニューラルネットワークとは

　脳の神経細胞を模した考え方として**ニューラルネットワーク**が昔から研究されてきました。図7.15のように1つひとつの「○」がつながったネットワーク構造になっており、それぞれの「○」を**ニューロン**や**ノード**といいます。

▼図7.15　ニューラルネットワーク

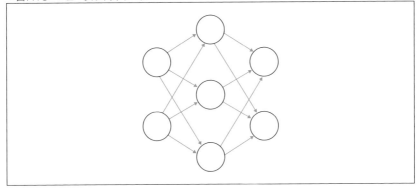

　それぞれのニューロンは与えられた入力に対して、決められた計算を行った結果を出力します。たとえば、入力された値で計算し、その和がある限界値を超えた場合に1を、超えなかった場合に0を出力することを考えます。この1を出力することを**発火する**といいます。また、この限界値を**閾値**といい、θという記号で表します。

　それぞれのニューロンへの入力を**信号**といい、その信号に重みを設定します。この重みによって入力の重要度が決まります。

たとえば、図7.16のような2つの入力x_1，x_2に対し、1つの値yを出力する場合を考えましょう。

▼図7.16　入力が2つ、出力が1つの例

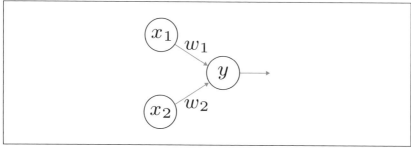

このとき、出力される値yを次の式で計算します。

$$y = \begin{cases} 0 & (w_1x_1 + w_2x_2 \leqq \theta) \\ 1 & (w_1x_1 + w_2x_2 > \theta) \end{cases}$$

このように、複数の入力を受け取って1つの出力を行うものを「パーセプトロン」といいます。ここで、w_1，w_2は重みを調整する値です。

たとえば図7.17のように構成したとき、左から順に「入力層」「中間層」「出力層」といいます。この中間層は「隠れ層」ともいい、ニューロンをいくつ配置するか、層をいくつ用意するか、といった構成を考える作業もニューラルネットワークの設計では必要です。

▼図7.17　ニューラルネットワークの構成例

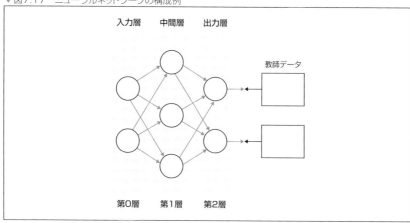

一般的に、上記のような3つの層からなるネットワークの場合、入力層を「第0層」、中間層を「第1層」、出力層を「第2層」といいます。この場合、重みを持つ層は2つであるため、「2層ネットワーク」と考えます。

このような構成において、それぞれの信号に対して重みを設定すれば、各ニューロンが計算を行い、入力から出力を求められます。計算は、他のニューロンからの信号の和が閾値を超えると発火する、ということを繰り返します。

　この重みによって得られる結果が変わりますが、これを人間が設定するのでは意味がありません。そこで、与えられたデータから、重みをコンピュータが自動的に学習して設定する必要があります。

　ニューラルネットワークでは、次の手順で学習、評価を行います。

1 ランダムに重みを設定する

2 設定した重みに対し、訓練データを入れて、教師データに近い出力が得られるように重みを調整する

3 重みが決まると、テストデータで正解率を求め、そのネットワークを評価する

　学習は2つ目の「重みを調整する方法」に該当します。教師データに近い結果が得られるまで適当に設定することを繰り返すのも1つの方法ですが、それでは非効率です。できるだけ答えに近づけるように工夫して調整することで、速くニューラルネットワークを構成できます。

　左からデータが入力され、矢印の方向に計算されながら右側に値が出力されます。この出力された値が、入力データに対応する正解データ(教師データ)と等しくなるように、図7.18のような単純なニューラルネットワークを考えてみましょう。

▼図7.18　ニューラルネットワークの構成

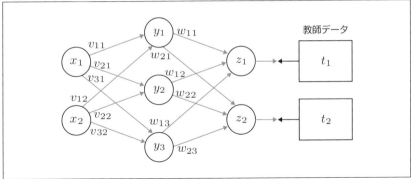

　この重みを行列で表現し、その成分が図の矢印に対応するものとします。

$$\boldsymbol{V} = \left(\begin{array}{cc} v_{11} & v_{12} \\ v_{21} & v_{22} \\ v_{31} & v_{32} \end{array} \right), \quad \boldsymbol{W} = \left(\begin{array}{ccc} w_{11} & w_{12} & w_{13} \\ w_{21} & w_{22} & w_{23} \end{array} \right)$$

　また、入力層、中間層、出力層、教師データは次のようなベクトルで表現できます。

$$\boldsymbol{x} = \left(\begin{array}{c} x_1 \\ x_2 \end{array} \right), \quad \boldsymbol{y} = \left(\begin{array}{c} y_1 \\ y_2 \\ y_3 \end{array} \right), \quad \boldsymbol{z} = \left(\begin{array}{c} z_1 \\ z_2 \end{array} \right), \quad \boldsymbol{t} = \left(\begin{array}{c} t_1 \\ t_2 \end{array} \right)$$

　このベクトルと行列を使うと、入力層から中間層、中間層から出力層への計算は次のように定義できます。

$$\boldsymbol{y} = \boldsymbol{V}\boldsymbol{x}, \quad \boldsymbol{z} = \boldsymbol{W}\boldsymbol{y}$$

07

微分とその応用

▶ニューラルネットワークの誤差関数

このニューラルネットワークに対してある入力が与えられ、教師データがt_1, t_2であったとき、損失関数として次の式が考えられます。

$$E = (z_1 - t_1)^2 + (z_2 - t_2)^2$$

つまり、出力された値と教師データとの差を2乗することで、この差が大きいほど誤差が大きいと判断できます。実際には、微分したときのことを考えて、次のような関数を使います。

$$E = \frac{1}{2}\left((z_1 - t_1)^2 + (z_2 - t_2)^2\right)$$

▌▌▌重みを更新する〜誤差逆伝播

ニューラルネットワークでは、損失関数を最小にするように重みを設定する必要があります。効率よく重みを調整する方法について紹介します。

▶中間層と出力層の間の重みを更新する

図7.19のニューラルネットワークで重みw_{12}を更新することを考えてみましょう。

▼図7.19　中間層と出力層の間の重み

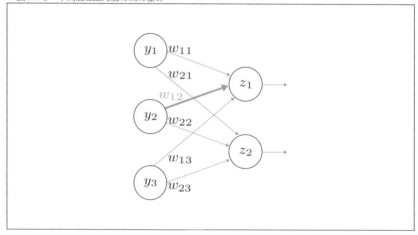

勾配降下法でw_{12}を更新する更新式は、次のように表現できます。

$$\Delta w_{12} = -\eta \frac{\partial E}{\partial w_{12}}$$

ここで、Eの式にはz_2も含みますが、w_{12}はz_2には関係していません。そこで、次のように連鎖律が使えます。

$$\frac{\partial E}{\partial w_{12}} = \frac{\partial E}{\partial z_1}\frac{\partial z_1}{\partial w_{12}}$$

ここで、$z_1 = w_{11}y_1 + w_{12}y_2 + w_{13}y_3$なので、右辺の後半は$\frac{\partial z_1}{\partial w_{12}} = y_2$と計算できます。また、右辺の前半も$E = \frac{1}{2}((z_1 - t_1)^2 + (z_2 - t_2)^2)$を$z_1$で偏微分するため、$z_2$に関する部分は定数と考えられます。つまり、上記の式は次のように整理できます。

$$\frac{\partial E}{\partial w_{12}} = (z_1 - t_1)y_2$$

この式に学習係数ηを掛けると、重みw_{12}を更新できることがわかります。

▶ 入力層から中間層への重みを更新する

続いて、入力層から中間層についての重みの更新を考えてみましょう。ここでは、図7.20のようなニューラルネットワークを考えます。

▼図7.20　入力層と中間層の間の重み

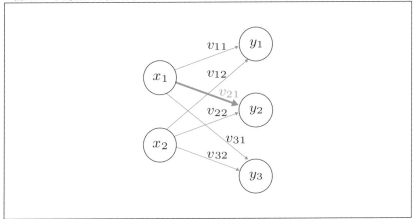

ここで、重みv_{21}を更新することを考えると、勾配降下法での更新式は次のように表現できます。

$$\Delta v_{21} = -\eta \frac{\partial E}{\partial v_{21}}$$

Eの計算には多くの重みが関係していますが、図に注目すると、v_{21}に関係している中間層はy_2だけです。つまり、y_1やy_3のことを考える必要はありませんので、連鎖律で考えると、次のように計算できます。

$$\frac{\partial E}{\partial v_{21}} = \frac{\partial E}{\partial y_2} \frac{\partial y_2}{\partial v_{21}}$$

ここで、$y_2 = v_{21}x_1 + v_{22}x_2$なので、上記の右辺の後半は$\frac{\partial y_2}{\partial v_{21}} = x_1$と整理できます。右辺の前半は、$y_2$に関する部分を計算すると、次のようになります。

$$\frac{\partial E}{\partial y_2} = \frac{\partial E}{\partial z_1} \frac{\partial z_1}{\partial y_2} + \frac{\partial E}{\partial z_2} \frac{\partial z_2}{\partial y_2}$$

ここで、これまで見てきたように、$\frac{\partial z_1}{\partial y_2}$は$w_{12}$で、同様に$\frac{\partial z_2}{\partial y_2} = w_{22}$です。また、$\frac{\partial E}{\partial z_1}$は$z_1 - t_1$でしたので、$\frac{\partial E}{\partial z_2}$も$z_2 - t_2$です。

これで、次の式を用いて入力層から中間層への重みも更新できることがわかります。

$$\Delta v_{21} = -\eta((z_1 - t_1)w_{21} + (z_2 - t_2)w_{22}) \times x_1$$

このように、損失関数を最小にするように、重みを出力層から中間層、入力層へと逆方向に伝えていくため、これを**誤差逆伝播**といいます。これをすべての学習データに対して繰り返し、重みを決めていくのです。

そして、この重みの決定に対して、人間は基本的に関与していないことがわかります。学習係数の調整はありますが、あとはデータを入れると、自動的に重みが調整されます。このように、機械が学習していくため、機械学習と呼ばれているのです。

現在のディープラーニングなどはもっと複雑な処理が行われていますが、基本的な考え方はこのようなしくみになっています。

▶Excelで重みを更新する

これをExcelで実現してみましょう。入力データと教師データを用意します。たとえば、入力が$(x_1, x_2) = (3, 5)$のとき、教師データが$(t_1, t_2) = (1, 0)$だとします。

重みV, Wの初期値を設定し、学習率ηを決めて、何度か重みの更新を繰り返してみましょう。ここでは、図7.21、図7.22のように重みの初期値と学習率を決めています。

▼図7.21　Excelで重みを更新する(1)

A1　fx　x

	A	B	C	D	E	F	G	H	I	J	K	L
1	x	t		学習率								
2	3	1		0.02								
3	5	0										
4												
5	初期値				1回目				2回目			
6	V				V				V			
7	0.10	-0.30			0.20	-0.14			0.24	-0.07		
8	0.20	0.50			0.13	0.38			0.11	0.35		
9	-0.30	0.40			-0.32	0.36			-0.33	0.36		
10												
11	W				W				W			
12	0.50	-0.20	0.10		0.45	-0.07	0.15		0.45	-0.02	0.16	
13	-0.30	0.40	0.30		-0.25	0.28	0.26		-0.25	0.24	0.24	
14												
15	y	z	誤差E		y	z	誤差E		y	z	誤差E	
16	-1.20	-1.11	8.18		-0.09	-0.07	1.93		0.39	0.27	0.89	
17	3.10	1.93			2.29	0.88			2.07	0.59		
18	1.10				0.85				0.80			

	M	N	O	P	Q	R	S	T	U	V	W	X
5	3回目				4回目				5回目			
6	V				V				V			
7	0.27	-0.02			0.29	0.02			0.30	0.04		
8	0.10	0.33			0.09	0.32			0.09	0.32		
9	-0.33	0.35			-0.33	0.35			-0.33	0.35		
10												
11	W				W				W			
12	0.45	0.01	0.18		0.46	0.03	0.18		0.47	0.04	0.19	
13	-0.26	0.22	0.23		-0.26	0.20	0.23		-0.27	0.19	0.22	
14												
15	y	z	誤差E		y	z	誤差E		y	z	誤差E	
16	0.72	0.48	0.44		0.95	0.64	0.22		1.12	0.75	0.11	
17	1.96	0.42			1.90	0.31			1.87	0.22		
18	0.79				0.78				0.78			

▼図7.22　Excelで重みを更新する(2)

A1　fx　x

	X	Y	Z	AA	AB	AC	AD	AE	AF
4									
5		6回目				7回目			
6		V				V			
7		0.31	0.06			0.32	0.07		
8		0.09	0.32			0.09	0.31		
9		-0.33	0.35			-0.33	0.35		
10									
11		W				W			
12		0.47	0.05	0.19		0.48	0.06	0.20	
13		-0.27	0.18	0.22		-0.28	0.17	0.22	
14									
15		y	z	誤差E		y	z	誤差E	
16		1.24	0.83	0.05		1.32	0.89	0.03	
17		1.85	0.16			1.84	0.12		
18		0.78				0.78			
19									

	AG	AH	AI	AJ	AK	AL	AM	AN	AO	AP	AQ	AR
5	8回目				9回目				10回目			
6	V				V				V			
7	0.33	0.08			0.33	0.08			0.33	0.09		
8	0.09	0.31			0.09	0.31			0.09	0.31		
9	-0.33	0.35			-0.33	0.35			-0.33	0.35		
10												
11	W				W				W			
12	0.48	0.06	0.20		0.48	0.07	0.20		0.48	0.07	0.20	
13	-0.28	0.17	0.21		-0.28	0.17	0.21		-0.28	0.16	0.21	
14												
15	y	z	誤差E		y	z	誤差E		y	z	誤差E	
16	1.38	0.93	0.01		1.42	0.96	0.01		1.44	0.97	0.00	
17	1.83	0.09			1.82	0.06			1.81	0.05		
18	0.77				0.77				0.77			

10回ほど繰り返した結果、徐々に重みが調整され、誤差が小さくなっていることがわかります。

ここまでは1つの入力に対する誤差ですが、実際には多くのデータが入力され、すべての入力に対する誤差が最小になるようにします。そこで、与えられたデータ全体に対する損失関数を考えます。

全データでの損失関数の平均を求める方法もありますが、欲しいのは最小になる場合だけなので、合計を求めることにします。つまり、k番目のデータに対する損失関数をE_kとすると、全体の合計は次の式で求められます。

$$E = E_1 + E_2 + \cdots + E_n$$

▌▌学習したモデルを評価する〜交差検証

ニューラルネットワークなどを構成し、重みなどのパラメータを学習したら、その学習したモデルがどれだけ使えるのか検証する必要があります。学習に使ったデータでどれだけよい結果が得られても、実際に使おうとすると正しい結果が得られないのでは意味がありません。そこで、学習したデータとは別のテストデータを使って、その精度を確認する方法を紹介します。

▶ 交差検証とは

学習したデータで最適化したものが、テストデータでも良い結果が得られるか調べるために使われる方法として、データを訓練用とテスト用に分ける方法があります。テストデータを未知のデータとして、訓練データで学習した結果に対して検証します。

ただし、データが偏っている場合は、単純に分割しただけではよい結果が得られない場合があります。そこで、訓練データとテストデータを入れ替える方法を用い、これを**交差検証**といいます。

この分け方として決まった割合があるわけではありません。データの半分程度を訓練用とテスト用にする、訓練用とテスト用を7:3や8:2のように分ける、などの考え方があります。また、k個に分割して$k-1$個で学習、残りの1個でテストする、という作業をデータを変えながらk回行うk-**分割交差検証**などもあります（図7.23）。

▼図7.23　k-分割交差検証

データをk個（今回は4個）に分ける			
1回目	訓練データ	訓練データ	訓練データ	テストデータ
2回目	訓練データ	訓練データ	テストデータ	訓練データ
3回目	訓練データ	テストデータ	訓練データ	訓練データ
4回目	テストデータ	訓練データ	訓練データ	訓練データ

予測問題の場合、誤差が最小になるように計算します。回帰分析で用いた最小二乗法と同じように、テスト用データで誤差の二乗を計算します。つまり、学習済みのモデルがどれだけテストデータに対して一致するかを調べればよいでしょう。

07

微分とその応用

▶評価の指標

分類問題の場合は、次のようなパターンを考える必要があります。

- ラベルAに対してAと分類された。
- ラベルAに対してBと分類された。
- ラベルBに対してAと分類された。
- ラベルBに対してBと分類された。

具体的な例で考えると、ある利用者が商品を購入するかどうか判定したい場合、「購入する」「購入しない」という2つのどちらに入るかを予測します。そして、実際に利用者が購入したかどうかを調べます。

これは、CHAPTER 01で登場したように、予測データと結果データを見比べたときに、表7.5のように整理できます。

▼表7.5　分類問題の正解率

		結果データ	
		購入する	購入しない
予測データ	購入する	a	b
	購入しない	c	d

このとき精度は、全体のデータの中で正しく分類できたデータがどれだけあるかという割合を求めることです。すぐに思いつくのは**正解率**でしょう。表7.5であれば、予測が結果と一致しているのはaとdなので、正解率は次の計算式で求められます。

$$\frac{a + d}{a + b + c + d}$$

一般的にはこれで十分でしょう。しかし、表7.6、表7.7のような2つの予測パターンを考えてみましょう。

▼表7.6　分類予測の例(1)

		結果データ	
		購入する	購入しない
予測データ	購入する	40	20
	購入しない	30	10

▼表7.7　分類予測の例(2)

		結果データ	
		購入する	購入しない
予測データ	購入する	20	0
	購入しない	50	30

この場合、いずれも正解率は50%です。同じデータに対して予測しているのですが、その境界の値によって結果が変わっているようです。同じ正解率になってしまうと、どちらが良い予測か判断できません。

そこで、正解率に加えて、次のような割合を求めて評価することがあります。1つはどちらかの分類に当てはまると予測されたデータのうち、結果データとの一致率を求める**適合率**で、次の式で計算できます。

$$\frac{a}{a+b}$$

もう1つが結果データでのどちらかの分類について、予測データがどれだけ分類できたかを調べる**再現率**という指標で、次の式で計算できます。

$$\frac{a}{a+c}$$

それぞれについて、上記の2つのデータに対する値を求めると、表7.8のようになりました。

▼表7.8　正解率、適合率、再現率の比較

データ	正解率	適合率	再現率
(1)	50.0%	66.6%	57.1%
(2)	50.0%	100%	28.6%

このように、適合率や再現率を使うと、正解率だけでは比較できない場合でも、よいモデルかどうか判断できる値が得られる可能性があります。ただし、適合率と再現率はいずれかが高くなると、もう一方が低くなるトレードオフの関係にあるため、使う場合には注意が必要です。

これを防ぐため、調和平均[2]を計算した**F値**を使うこともあります。F値は次の式で求められます。

$$\frac{2}{\frac{1}{適合率}+\frac{1}{再現率}}\left(=\frac{2\times適合率\times再現率}{適合率+再現率}\right)$$

これを使うと、一方が大きな値で、もう一方が小さな値の場合も、うまく計算できます。

▶**過学習**

訓練データで教師データと予測値の差が最小になっても、テストデータで正解率が低くては意味がありません。このように訓練データに特化したネットワークができてしまうことを**過学習**といいます。

この原因として、想定しているモデルが複雑すぎることが考えられます。たとえば、回帰分析の例を考えてみましょう。CHAPTER 03で回帰分析した例を図7.24に再掲しますが、これを1次関数で近似したとき、どうしても誤差が発生してしまいます。

---

[2]：それぞれの値の逆数の平均を求め、その逆数を計算したもの。

▼図7.24 （再掲）近似した例

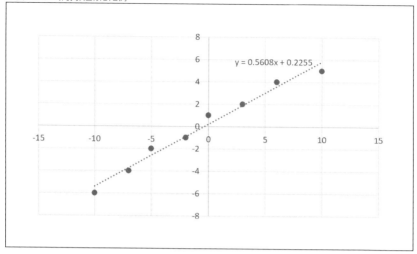

これを、図7.25のような複雑な関数で近似すると、その誤差を減らすことができます。

▼図7.25 過学習の例

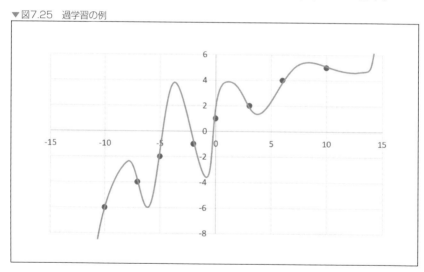

　しかし、このような関数を使ってしまうと、新たなデータに最適なモデルになっているとは限りません。実際には、単純な1次関数で十分であることも多いでしょう。

　このため、過学習が疑われる場合には、パラメータの数を減らしたりする対応が求められ、有名な方法として**正則化**があります。詳しくは専門書を読んでみてください。

教師なし学習を考える〜クラスタリング

たくさんの写真の中から、同じ人が写っている写真だけをまとめるように、与えられたデータから似たものを集め、いくつかのグループに分けることを考えます。

▶ データの類似度を調べる

似たようなデータを集めることを**クラスタリング**といいます。クラスタリングでは、与えられたデータがどのくらい似ているかを表す指標として**類似度**を使うことが一般的です。

類似度としてよく使われるのが、それぞれの点と点の間の距離です。これまでも紹介してきた三平方の定理を使って求めた点と点の間の距離を**ユークリッド距離**といいます（図7.26）。

▼図7.26　ユークリッド距離

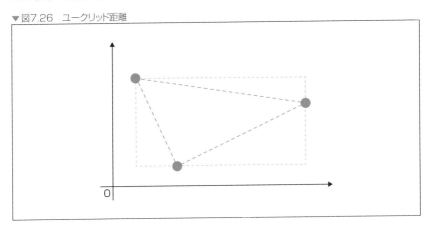

また、道路の場合は、直線で移動できないため、道に沿って移動します。碁盤の目のような街であれば、図7.27のような距離が考えられ、これを**マンハッタン距離**といいます。

▼図7.27　マンハッタン距離

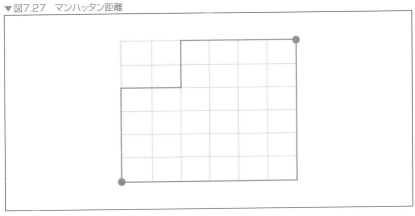

その他にもさまざまな距離の考え方がありますが、ここではユークリッド距離を使って似ているかを判断することにします。ただし、距離の大小を比較するだけでよいため、距離の2乗を使います。

▶ k-平均法

距離が近いものを集める場合、その方法は大きく、**階層型**と**非階層型**に分けられます。非階層型に分類されるクラスタリング手法としてk-**平均法**が有名で、グループ（クラスター）の数を指定して、いずれかに分ける方法です。

たとえば、図7.28のような10件のデータが与えられたとします。これをk-平均法で3つのクラスターに分けてみましょう。

▼図7.28　クラスタリング

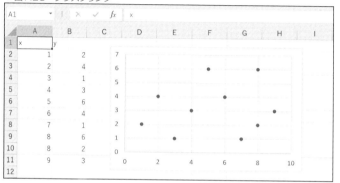

最初は初期値として、それぞれのデータに適当なクラスターを割り当てます。そして、それぞれのクラスターで平均（重心）を計算し、それをクラスターの中心とします（図7.29）。

▼図7.29　クラスターの中心を計算

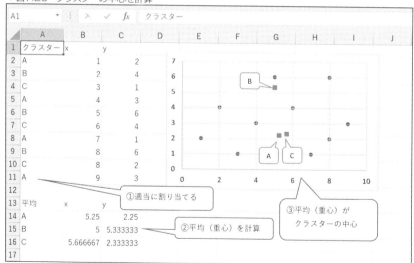

　次に、それぞれの点について、中心が一番近い（平均との距離が短い）クラスターを選び、そのクラスターに割り当てます。また、それぞれのクラスターで平均を計算し、それを新たなクラスターの中心とします（図7.30）。

▼図7.30　クラスターの中心を再計算

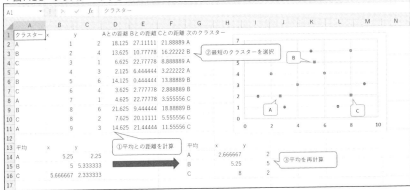

　これを繰り返すと、徐々に割り当てられるクラスターが変わっていきます。値が変化しなくなったら、処理終了です。今回の場合、図7.31のようになりました。

▼図7.31　クラスターが決定

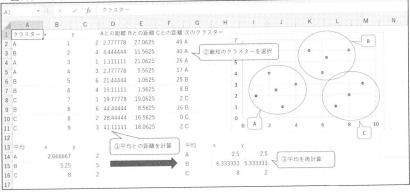

　このように、非階層クラスタリングでは事前にクラスターの数を決めておく必要があります。

▶階層型クラスタリング

非階層型のk-平均法とは異なり、階層型のクラスタリング手法についても紹介します。これは、近いものを集めていき、最終的にすべてのデータを1つにまとめる方法です。先ほどのデータを使って試してみましょう。

最初に、すべての点の組み合わせに対して、それぞれの距離を計算しておきます。そして、もっとも距離が近い2つの点を選び、クラスターを1つ作ります（図7.32）。今回は「G」と「I」、「I」と「J」が近いため、ここでは「I」と「J」をクラスターにしてみましょう。

▼図7.32　距離を計算

A1		▼	:	×	✓	f_x	データ								
	A	B	C	D	E	F	G	H	I	J	K	L	M	N	O	P
1	データ	x	y		距離	A	B	C	D	E	F	G	H	I	J	
2	A	1	2			0	5	5	10	32	29	37	65	49	65	
3	B	2	4			5	0	10	5	13	16	34	40	40	50	
4	C	3	1			5	10	0	5	29	18	16	50	26	40	
5	D	4	3			10	5	5	0	10	5	13	25	17	25	
6	E	5	6			32	13	29	10	0	5	29	9	25	25	
7	F	6	4			29	16	18	5	5	0	10	8	8	10	
8	G	7	1			37	34	16	13	29	10	0	26	2	8	
9	H	8	6			65	40	50	25	9	8	26	0	16	10	
10	I	8	2			49	40	26	17	25	8	2	16	0	2	
11	J	9	3			65	50	40	25	25	10	8	10	2	0	
12																

このとき、できたクラスターを1つの点とみなして、次に近いものとクラスターを作ります。これをすべての点に対して繰り返すと、全体が1つのクラスターになります（図7.33）。

▼図7.33　全体が1つのクラスターになるまでまとめる

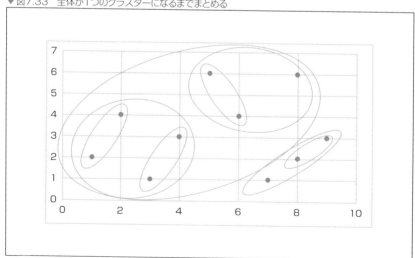

この過程を樹形図で表すと、図7.34のようになります。これを見て、2つに分ける場合は図の青い破線の位置で、3つに分ける場合は図のグレーの破線の位置で分割すればいい、というわけです。

▼図7.34　樹形図での表現

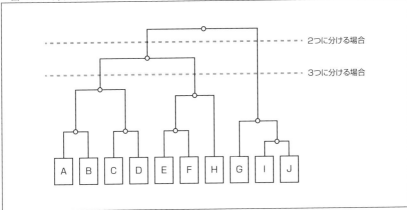

このように、クラスターを作成したあとで好きな数のクラスターに分けられる、というのが階層型クラスタリングの特徴です。ただし、ここでクラスターを1つの点とみなすとき、他の点との距離をどう計算するのか、という問題があります。1つの方法は、各クラスターの中で、他と一番近い点との距離をクラスター間の距離とする方法があり、**最短距離法**といいます。ほかにも、最長距離法やウォード法などがよく使われます。

07

微分とその応用

過去のデータを積み上げて集計する

　微分ではxの範囲を狭くすることで、その傾きを考えましたが、その逆の操作を考えてみます。つまり、細かく分割したものを繋ぎ合わせると、何が得られるのか調べてみましょう。

▌ 積分

　微分が瞬間的な変化の割合を求めることだとすると、全体的な変化を求めることを考えます。

▶ 不定積分

　ある関数を微分した関数を求めましたが、逆に、微分した関数からもとの関数を求めることを考えてみましょう。このような、微分と反対の操作を**積分**といいます。

　たとえば、$y = x^2$や$y = x^2 + 1$、$y = x^2 - 5$といった関数があったとします。これらを微分すると、いずれも$y' = 2x$でした（定数の部分はすべて0になる）。

　今度は、$y = 2x$という関数を積分してみます。積分は次のように書きます。

$$\int 2x \ dx = x^2 + C$$

　この$\int$はインテグラルと読み、積分を意味する記号です。また、dxはxで積分することを意味します。Cは**積分定数**と呼ばれ、どんな数でもよいものです。

　上記のように、$y = x^2$や$y = x^2 + 1$、$y = x^2 - 5$といった関数がいずれも微分すると$y' = 2x$になったように、定数部分には任意の値が入ります。このように定数部分が定まらない積分を**不定積分**といいます。そして、不定積分はxを変えると値が変わるので、関数だといえます。

　一般に、$F(x)$を微分して$f(x)$になるとき、

$$\int f(x) \ dx = F(x) + C$$

と書きます。

　不定積分では定数部分が定まりませんが、微分する前の関数が$x = 1$のとき$y = 3$である、といった情報があれば、$y = x^2 + 2$のように積分定数を決められます。

▶ 定積分

「チリも積もれば山となる」という言葉がありますが、微分は細かく分けることなので、「チリ」に該当するといえます。そして、それを積み重ねることが積分に該当します。

つまり、積分は細かく分けたものを積み重ねたものです（図7.35）。ここで、積み重ねる範囲を指定することにします。

▼図7.35 積分の考え方

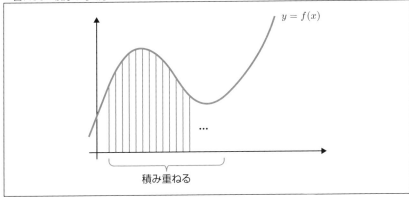

たとえば、$x = 1$から$x = 3$までの範囲で$y = 2x$という関数を積分してみましょう。この場合、次のように書きます。

$$\int_1^3 2x \ dx$$

不定積分のときと同様に、$F(x)$を微分して$f(x)$になるとき、

$$\int_a^b f(x) \ dx = F(b) - F(a)$$

で計算できます。これを$x = a$から$x = b$の範囲の**定積分**といいます。このように、定積分には定数部分はありません。

実際には、次のように定数部分が消えていると考えるとわかりやすいでしょう。

$$\int_a^b f(x) \ dx = (F(b) + C) - (F(a) + C) = F(b) - F(a)$$

実際に上記の例で計算してみると、$F(x) = x^2$のとき$f(x) = 2x$なので、

$$\int_1^3 2x \ dx = 3^2 - 1^2 = 8$$

と計算できます。つまり、積分の範囲が指定されていると、得られるのは関数ではなく値になります。

そして、実はこれが面積を表しています。つまり、今回の場合は図7.36のような部分の面積と一致します。

▼図7.36　積分で求められる面積

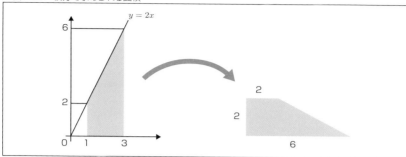

　この台形の面積を求めてみましょう。台形の面積は(上底 + 下底) × 高さ ÷ 2で求められるので、$\frac{(2+6)\times 2}{2} = 8$となり、正しい値が求められていることがわかります。

　これを使うと、$y = x^3 - 4x^2 + 4x + 1$のような複雑な関数で囲まれる部分の面積も簡単に計算できます。この関数は積分すると、

$$\int (x^3 - 4x^2 + 4x + 1)\ dx = \frac{1}{4}x^4 - \frac{4}{3}x^3 + 2x^2 + x + C$$

なので、図7.37のように$x = 0$から$x = 3$までの範囲の面積は次のように計算できます。

$$
\begin{aligned}
\int_0^3 (x^3 - 4x^2 + 4x + 1)\ dx &= \left(\frac{1}{4} \times 3^4 - \frac{4}{3} \times 3^3 + 2 \times 3^2 + 3\right) - 0 \\
&= \frac{81}{4} - 12 + 18 + 3 \\
&= \frac{117}{4}
\end{aligned}
$$

▼図7.37　複雑な関数で囲まれる部分の面積

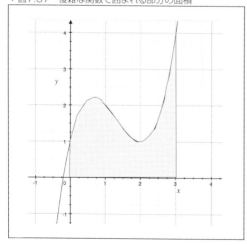

　ここでは2次元で考えたので面積を求めましたが、3次元で考えると体積を求めることもできます。

分布における積分の考え方

　積分がどのような場面で使われているかを考えると、本書の中でも登場した確率が考えられます。その使い方について紹介します。

▶ 確率密度関数

　正規分布で95%パーセント点などを使いましたが、正規分布以外にもさまざまな分布が考えられます。特殊な関数で表される分布においても、95%パーセント点を調べるような場面を考えてみましょう。

　ここでは簡単のため、次のような関数で表される分布を考えます（図7.38）。

$$f(x) = \begin{cases} -\frac{3}{4}x^2 + \frac{3}{4} & (-1 \leq x \leq 1) \\ 0 & (x < -1,\ 1 < x) \end{cases}$$

▼図7.38　確率密度関数の例

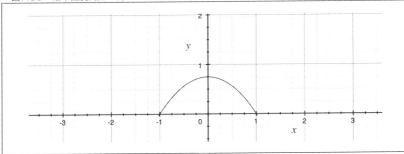

　この関数において、$x = -1$から$x = 1$までの面積を求めてみましょう。$\int \left(-\frac{3}{4}x^2 + \frac{3}{4} \right) dx = -\frac{1}{4}x^3 + \frac{3}{4}x + C$なので、次のように計算できます。

$$\begin{aligned} \int_{-1}^{1} \left(-\frac{3}{4}x^2 + \frac{3}{4} \right) dx &= \left(-\frac{1}{4} + \frac{3}{4} \right) - \left(-\frac{1}{4} \times (-1)^3 + \frac{3}{4} \times (-1) \right) \\ &= 1 \end{aligned}$$

　確率では合計が1になることはCHAPTER 03で説明しましたが、この関数も合計が1になっています。

　この関数で、$-\frac{1}{2} \leq x \leq \frac{1}{2}$となる確率を求めると、上と同様に次の式で計算できます。

$$\begin{aligned} \int_{-\frac{1}{2}}^{\frac{1}{2}} \left(-\frac{3}{4}x^2 + \frac{3}{4} \right) dx &= \left(-\frac{1}{4} \times \left(\frac{1}{2} \right)^3 + \frac{3}{4} \times \frac{1}{2} \right) - \left(-\frac{1}{4} \times \left(-\frac{1}{2} \right)^3 + \frac{3}{4} \times \left(-\frac{1}{2} \right) \right) \\ &= -\frac{1}{32} + \frac{3}{8} - \frac{1}{32} + \frac{3}{8} \\ &= \frac{11}{16} \end{aligned}$$

07

微分とその応用

▶複雑な確率密度関数

標準正規分布の場合は、次の確率密度関数で与えられました。

$$f(x) = \frac{1}{\sqrt{2\pi}} e^{-\frac{x^2}{2}}$$

このように実際に使われる確率密度関数は複雑なので、高校生レベルの数学知識では積分することも困難です。しかし、考え方は同じで、ある範囲内で積分すれば、その範囲での確率を求められます。

このように複雑な関数が使われていても、どうやって計算されているのか、その理論を知っておけばさまざまな場面で応用できるのです。ぜひこの本で得た知識をもとに、より詳しい内容が知りたい場合は専門書を読んでみてください。

≡INDEX

な行

は行